JN216698

サイバー戦争論

ナショナルセキュリティの現在

Cyberwar
The State of National Security

伊東寛［著］

原書房

サイバー戦争論
ナショナルセキュリティの現在

目次

はじめに

２０１２年に、私はサイバー戦に関する本を書いた。『「第５の戦場」サイバー戦の脅威』という。この本は、新書として出版されることになっていたので、その想定される読者は一般の人である。

したがって、できるだけわかりやすくまた面白く書くことが必要であった。だからサイバー戦に関することだけではなく、その周辺のことなど、読者が興味を持ちそうないろいろな内容を含むことになった。また、比較的、軽い読み物という立場から、記述に関する根拠を厳密に書くこともしなかった。例外は、最初のフィクションの部分だけである。ここはフィクションと断っているので、その中で出てくるサイバー攻撃などに関して絵空事であると軽く見られることがないように事実関係の注釈を付けたわけである。

その後、２０１５年には、『サイバー・インテリジェンス』という本を出した。こちらは、サイバーとインテリジェンスの関係を中心として書いたものだ。

さて、このように読み物としての本は書いたが、もう少し軍事よりのサイバー戦争入門書を書きたいと考えていたので、本書を書いた。当初、読者としては自衛隊のサイバー戦関係者等を想定していたので、根拠もつけ、系統立てて記述するように心がけた。その後、読者対象層を軍事、特にサイバー戦に関心がある一般の人に広げ、これらの人にも、わかりやすく読めて、また面白いと思って貰えるように少し書きぶりを変えた。

このように本書は、もともと自著『第5の戦場』と『サイバー・インテリジェンス』を発展させた本であるので、重複している内容もある。しかしそこを取ってしまうと全体の構成が成り立たなくなるので、敢えてそのまま利用したところも多い。前著の読者の方には、ご寛恕頂きたく思うところである。

また、本書中、法律に関するところ、これは現在も議論が続いている極めて重要な部分であるが、著者に法律を論ずるにふさわしい能力が不足しているために皮相的になっていることはあるかも知れない。この点、お許し願いたい。

いずれにせよ、本書が、サイバー戦争に対する基本的な知識を得るため、あるいは関心を持つためのトリガーとなり、今後、広く日本でサイバー戦争に関する議論が高まれば幸いである。皆さんはもうサイバー戦争、あるいは、情報戦争という見えない戦争の渦中にあるのだから。

なお、本書に関する内容は公刊情報に基づき、著者が個人的に研究した成果をまとめたものです。所属組織等の意見を代表するものではないし、防衛省自衛隊の秘密を漏えいするものでもないことをお断りしておきます。

序章　世界は今

世界は今混迷を深めつつある。社会、経済、軍事、外交、全てにおいて、不確実かつ不透明な時代に入ったようだ。それは人類の長い歴史の流れにおける、多くのゆらぎのなかのひとつかもしれない。今回、そのゆらぎをもたらしているものに最近の科学技術の急速な進歩があるのはもちろんだが、特にIT技術あるいはサイバー技術がこのゆらぎをさらに拡大する要素のひとつとなっている。

1　混迷を極める世界

(1)　21世紀は混迷の世紀である

ある意味バランスが取れ、安定していた米ソ二極対立の世界、この冷戦時代の終了後に訪れたのは混迷する多極化した世界であった。米ソが世界をコントロールする力を失う一方で、新たなプレイヤーとして中国が台頭してきた。米国は世界の警察官という役回りに嫌気がさしたか、国際社会への関与を減らすかつてのモンロー主義に戻ろうとしているようにも見える。ソ連の継承国家であるロシアはそれらの動きの中で過去の地位を取り戻すべく目立たぬように力をつけながら、しっかりと自分の勢力圏を確保するために少しずつ手を打っている。さらには現在の国際的枠組みを壊そうとする、イスラム国に代表される非国家グループの存在も見逃せない。そして、これらのことに起因する多くの地域紛争の勃発……。

このような政治的流れの中、世界の変革を後押ししているのは、新しい産業革命、あるいは情報革命と言われるソフトウェア中心の産業による社会構造の変革であり、その中核技術はコンピューター技術でありインターネット技術であろう。

そして、このような混迷し多極化する世界の裏では、国家や政治団体だけではなく企業が重要な働きをしているのだが、そこでは、これまでのメインプレイヤーであった国際金融業者や世界規模の石油企業のみならず、グローバルな通信事業者もまたプレイヤーになってきている。彼らは、独自の利益追求の観点から、あるいは政府機関と連携しながら、情報をコントロールすることで世界に影響を与えうる存在となっている。情報は力なのである。

(2) サイバー技術が世界を変えていく

コンピューター技術やインターネット技術の総称をサイバー技術と呼ぶことにすれば[*]、このサイバー技術が世界の変化を加速させるものなのだと思う。それは、サイバー技術が国家間のパワーバランスや構造を変えうる、新しい力に

＊　サイバー技術をより狭義で捉え、ハッキング技術またはセキュリティ技術のことであるとする考えもある。それは従来の一般的なＩＴエンジニアがサイバーセキュリティの即戦力になれることはなく、用語も独特であることから、別の技術・知識が必要と考えられることからきている。

なってきたからだ。

冷戦後の世界を支配したのは、第2次世界大戦の戦勝国であり、それは同時に核保有国であった。その他の国々が核兵器を保有するにはそれなりの技術基盤と莫大な資金が必要だ。また、現在の核不拡散条約による世界体制に挑戦することになるので強い意志も必要だ。

しかし、サイバー技術は違う。少ない予算で、強力な武器を作製することが可能だと考えられている。これはこれまで非先進国とみなされていたいくつかの国にとっては極めて有利だ。言い換えれば、サイバー技術の発達で新しいプレイヤーの登場が予想されるということだ。それどころか、これからの世界ではむしろ先進国の方が問題を抱えることになる。先進国の社会がサイバー技術に過度に依存していること自体が、サイバー攻撃*に対してその国の脆弱性を高める結果となっているからだ。

サイバー技術は、ある意味、善意の上に成り立った技術であり、まだ不完全である。それが十分な信頼性を持つ前に急速に世界中に広がってしまった。その不完全な土台の上に先進国の社会

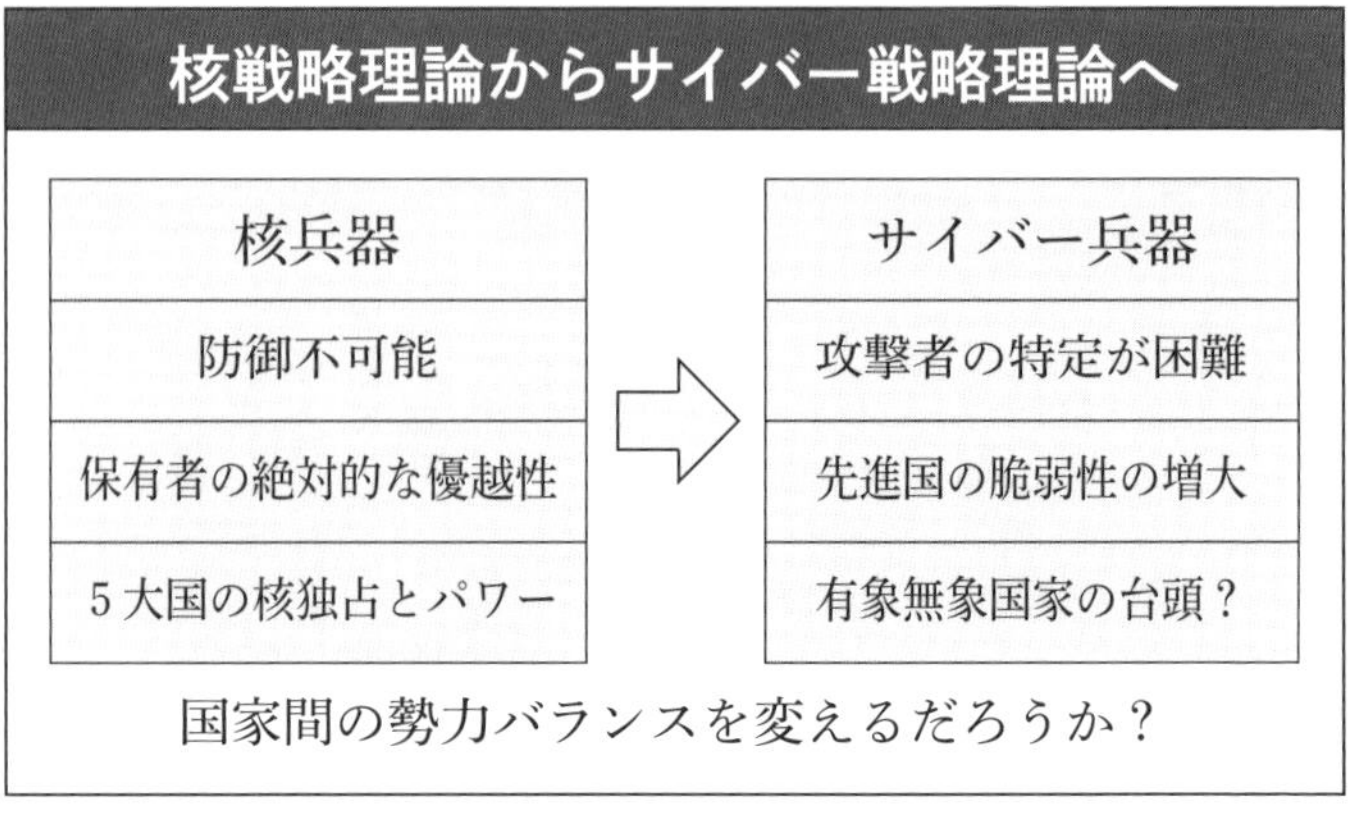

核戦略理論からサイバー戦略理論へ

核兵器	⇨	サイバー兵器
防御不可能		攻撃者の特定が困難
保有者の絶対的な優越性		先進国の脆弱性の増大
5大国の核独占とパワー		有象無象国家の台頭？

国家間の勢力バランスを変えるだろうか？

が載って、各種の社会システムがすでに動いている。社会へのこのような急激な技術の浸透はかつてなかったのではないか。こうして数多のプレイヤーが混迷する世界を、サイバー技術が、さらに揺さぶっていくことになると思われる。

サイバー技術が世界を変えていくとすれば、これまで世界を変化させていた最も大きな社会現象である戦争はどう変わるのだろうか。もとより、戦いは相手の弱いところをつくのが常道である。サイバー技術基盤社会は脆弱である。ならば当然のように攻撃の対象となろう。また、サイバー技術自体を兵器として使うことはどうだろうか。このように見ると、サイバー技術と戦争の関係は、今後、避けて通れない大きな問題となる。

前頁＊　余談になるが、「サイバー攻撃」という用語は、２０００年12月に情報セキュリティ対策推進会議で決定された「重要インフラのサイバーテロ対策に係る特別行動計画」に出てくる。そこでは「サイバー攻撃」を「情報通信ネットワークや情報システムを利用した電子的攻撃」と定義していた。

2　サイバー技術が戦争を変える

(1)　成長の限界

私が若い頃、『成長の限界』[1]という本が大きな話題になった。今の勢いで経済が成長していき、資源が消費され、さらに環境が汚染され続ければ、やがて世界には限界がくるだろうという警世の著であった。非常に緻密な議論を重ね説得力があった。特に石油は数十年以内に枯渇するであろうというくだりは、白紙的に考えても資源は皆、有限に決まっているのだから、その論理は妥当と思え、若かった私の心の琴線に触れたのを覚えている。

しかし、石油に関して言えば、現在もまだ限界は見えていないし、もしその量が減ってくるのが誰の目にもあきらかになれば、その価格が上がるとともに、これまで使わなかった別の資源がコスト的に利用可能になるという意味で、急激かつ壊滅的な危機は回避可能だろう。こうしてみると、当面、物理的な限界は、避けられるように思える。つまり、「限界」が人類にリスクを負わせるということは今すぐにはなさそうである。

一方で、今日、以前は考えられなかったような新しい技術があり、今度は限界ではなく、「爆発」が人類の将来に不安を与えているのではないか。

そのひとつがサイバー技術なのだ。物理的な資源の限界ではなく、制約のない技術の進歩が、特にソフト的な力の爆発がこれからの世界を大きく変えていくのではないだろうか。その中にはコントロールの効かなくなった人工知能の存在も考えられよう。

そしてそれは、新しい戦争の引き金となるかもしれない。

(2) サイバー犯罪からサイバー戦争へ

最近、サイバー犯罪に関する報道を目にすることが多くなった。

実はこれまでにも多くのサイバー犯罪が世界中で行われており、日本もまたその例外ではなく、多くの被害を受けていたのだが、被害者がそのことに気がついていなかったり、被害を受けたことを世間に知られることを憚って隠したりしていたために、これまで大きく報道されることが少なかったというだけである。そういうこともあって、日本の社会全体がサイバー犯罪に対する危機感をあまり持っていなかった。

これと同様、もしくはそれ以上に、これまであまり一般の人の目に止まることがなかった、さらに重要な問題がある。それはサイバーと国家安全保障にかかわることである。

本来、国家安全保障は、政治、外交、経済そして軍事など、多面的な中で総合的に検討すべきことであるが、本書では、特にサイバー技術と軍事[*]のかかわ

＊ なお、軍事と諜報は関連は深いが別のものである。したがって、サイバー技術と諜報との直接的なかかわり、すなわち「サイバー諜報」については別に考察する必要がある。その成果の一部は2015年に祥伝社新書から『サイバー・インテリジェンス』として出版した。

りを中心にこの問題を記述していく。そして、その焦点はサイバー戦争と呼ばれるものである。

ここで、そもそもサイバー戦争とは用語として何を指すのかという問題がある。例えば、サイバー戦争とサイバー戦とはどう違うのか？　というようなことだ。

本書では、この言葉に対する簡単な理解として、いわゆる「核戦争」に対応する言葉として「サイバー戦争」の用語を用いることから始める。核戦争を主題にしたいろいろな著作に於いて、航空機やミサイルの戦いは核戦争に全く無関係かといえば、そんなことはない。しかし、そのような著作における考察の焦点は核兵器を用いた戦争ということであろう。本書におけるサイバー戦争という言葉も同様の意味合いで使うことにする。

同じように、「サイバー戦」という用語も、航空戦、化学戦、電子戦のような言葉の並びとして用いる。いずれにせよ、これらの言葉の意味合いは本書を通してさらに説明していく。

サイバー技術はそれ自体が力となる。これはサイバー力と呼んでもいいかもしれない。サイバー力への詳細な考察は他書に譲るが、少なくとも、サイバー技術と戦争に関わる概念をこれから考えていきたい。例えば、仮にサイバー力というものがあった場合、それは火力等と比較しての戦力の特性はどうなるのか。サイバー戦、サイバー攻撃[*]、サイバー防御等の定義は？　サイバー戦の戦力とはなんであり、量か、質か？　これらに関する考察が必要だということだ。本書はそのようなことを基礎的に考えていく。

1　メドウズ他『成長の限界』（ダイヤモンド社、1972年）

＊　そもそも「サイバー攻撃」という言葉もその意味合いが明確ではなく、使う人によりいろいろ理解の仕方が異なっている。例えば、攻撃と情報収集活動は本来、別のもののはずだが、サイバー攻撃という場合、一般的には混同されて使われているし、軍事的な攻撃と犯罪行為との区分も曖昧である。

第１章　サイバー技術と戦争

本章では、まず文字どおりの「サイバー」とは何かを簡単に説明した上で、サイバー技術が戦争にどう関わっているのか、また、それがどう戦争を変化させたかを記述することで、サイバー戦争とは？　という問いに私なりに答えたいと思う。

1 サイバー技術が戦争に与える影響

今日、サイバー技術を利用することで、多種多様の情報が、はるか長い距離の間を、これまでは得られなかったような高速度で、大量に伝達され、それを迅速に処理できるようになった。これにより、生産、物流、エネルギーなど、各種社会システムの効率性が大きく向上するとともに、仮想通貨など、これまで存在しなかったような、全く新たな価値をも生み出し、我々の社会はより便利に大きく変わってきている。19世紀の蒸気機関の発明による産業（工業）革命に次ぐ、情報革命*が進行しているのである。

では、社会変革をもたらしつつあるサイバー技術は、戦争に対してはどのような影響を与えるのだろうか。ここではそれについて考察し、さらに21世紀の戦争のかたちを予想する。

＊ このような大変革を表現する言葉は他にもある。産業革命をさらに分析し第N次産業革命と細分化する考え方があり、その方式であれば、今日のサイバー技術を中心とした技術革新による産業や社会の変革は第四次産業革命と呼ばれている。

(1)　現代的軍隊はサイバー技術を利用する

◉サイバーという用語について

サイバーという言葉はサイバネティックスという用語から来ている。これは、もともと機械と生物の仕組み、さらには社会現象までも関連づけて考察するような概念であり、古くは自動制御から情報理論への研究に大きなインパクトを与えたものであったが[1]、現在では意味合いが変化し、コンピューターとインターネットに関わる事柄の総称のように使われている。

本書ではサイバーをこの後者のような意味合いで使うことにする。このことで、「サイバー」という概念と、いわゆる「情報」というものの違いをはっきりさせ、サイバーには無形のものだけではなくその中に有体物を含むことや、技術や戦略論、法的問題など広い事柄を含めることができると思うからである。

◉現在におけるサイバー技術の軍事利用

現代社会に大きな影響を与えているサイバー技術であるが、それは軍事においても同様であり、軍隊もまたその影響を受け、変化している。ネットワーク技術やコンピューター技術を積極的に利用するようになったのだ。

「敵より早く知り、早く決心し、早くそれを伝えて、部隊の行動を律する」ことができれば、決定的な場所に優勢な戦力を集中して戦勝を得ることができる。それを可能にするのがサイバー技術という訳である。したがって現代的な軍隊は進んでサイバー技術を取り入れ、自己を改革し、来たるべき戦争に備えようとしている。その結果、今日の軍隊はサイバー技術を利用するのが常態となっている。

現在、サイバー技術は以下のような軍事システムにおいて利用されており、また将来、さらにその関与は増すであろう。

ア．指揮統制システム

作戦情報や報告、命令等は、これまでのように時間がかかり間違いの発生しやすい音声ではなく、直接ネットワークを通じてデータとして迅速に伝達することができる。

さらに、状況判断から計画の立案等、これまで人間が行ってきた知的な作業をコンピューターの利用により高速化、省人化し、合理化することができるようになってきている。今後は人工知能の利用により、ある程度、人間に対し助言することも可能となろう。

イ．通信システム

軍隊には、兵士の持つ小型のスマートフォンから遠距離通信を担う衛星通信機材まで、さまざまな種類の通信用機材があるが、これまで、それらはその目的に応じばらばらに設計・製作されており、相互に接続もほとんどされておらず、違う通信系では通話することもできなかった。

今後、これらは単一の通信システムの構成要素として機能するようになり、それらが相互に連接することで、例えば、飛来する友軍の航空機に対して地上の一兵士が目標情報を伝達したり、指揮統制システムと相まって、戦場で共同している別の軍種の異なった兵器システム同士が連携して、お互いに敵情等を共有したり効率的な目標配分をしたりすることができるようになるだろう。

ウ．センサーシステム

レーダーから無人機（ＵＡＶ）、電波傍受装置など、これらの広い意味での多種多様なセンサーが相互に連接され有機的で一体化した運用が行われるようになる。例えば、電波傍受で不審な電波発射を検知すれば、その情報はただちに無人機に伝達され、そこに向かって飛行してカメラにその正体を収めて結果が報告される。

また、複数のセンサー情報は融合され総合的に分析されることで、その実態をあきらかにすることができるようになるだろう。

エ．兵器システム

各種兵器システムもそれぞれ進化するとともに連携するようになる。例えば、もともとコンピューターは弾道計算の必要性から生まれたと言われているが、さらに、これからは、単に弾を目標に命中させるためだけではなく、脅威分析や残弾数の考慮も含め、多種多様な兵器のそれぞれの特性を勘案し、その結果を予測し、全体として最も効果的な兵器の割当をするということも行われるようになる。

オ．誘導システム

ＧＰＳとネットワークシステムを利用することで、一般的な部隊行動のための正確な位置把握が普通に行われるようになる。さらに誘導装置を極小化することで、これまでできなかったような小さな弾丸にまでも、これを載せて自律的な飛翔を可能とし命中率を画期的に上げることが可能となるだろう。

カ．兵站システム

送られる物資にはタグがつけられ無線を介してその位置をつねに把握することができるようになり、効率的な運輸システムの利用や現況の把握が可能となる。

コンピューターの利用により、物資の配分・輸送から計画作成まで、これまで人間の手に余るようなぼう大な作業を必要としたものが、迅速に行えるようになる。

◉その他の利用

その他にも、遠隔医療や教育訓練、広報・宣伝・心理戦まで、サイバー技術が軍事に利用される分野は多岐にわたる。これら多種多様のシステムは、システムオブシステムズとして高度に融合され、あるいはサービス基盤上の個々のミッションサービスとしてクラウド化されることで、ユーザーから見えない世界で統合されていく傾向にある。*

このように、軍隊がサイバー技術を利用するということは、軍隊が行う多岐にわたる業務の効率が改善され、格段にスピードアップし効果的な作戦を実施

＊ 例えば、通信システムは指揮統制システムの機能の一部として設計開発されていくという流れが実際にある。また、探知、誘導という機能が一体となって高性能の兵器システムになってきてもいる。

できるようになるということだ。これは、敵から見れば厄介な問題である。したがって、当然のようにサイバー技術の利用を妨害したいという単純な欲求が起こるわけである。戦闘におけるサイバー技術の利用とその妨害については、「サイバー戦」として第2章で改めて考えることとし、ここでは、サイバー技術が戦争にいかなる影響を与えるかについてもう少し基本的な検討を行う。

(2) サイバー技術は戦争をどう変えるか

まず戦争とは何かという問題がある。これは、これだけで本が何冊も書けるような命題だ。著名な軍事思想家、クラウゼヴィッツによる「戦争は他の手段をもってする政治の継続にほかならない[2]」という言葉があまりにも有名であるが、他にもたくさんの考察がなされている。また、それらの哲学的な考察とは別に国際法上の戦争の定義もある。

ここでは、戦争には、いわゆる正規戦等の武力行使の他に、最近になって米国が主張している「テロも戦争である」との見解を含めて、幅広く考えることにしたい。そのようなやや広い枠組みの中でサイバー技術が戦争に与える影響についての私の考えは以下のようなものである。

ア．交戦距離を無限大に延長する新しい兵器を提供した

はるか昔、人間はまず自分自身の手を使って相互に殴り合った。やがて棒きれで相手を殴る者が現れた。当然、棒を持っている方が相手の拳骨の間合いに入らずに攻撃できるので有利である。これは棒ではなくより強い武器である剣であっても同じである。そして剣に対しては槍がある。槍は剣より長いので、より有利に戦うことが可能だ。さらに、弓が発明された時、戦う者同士の間の距離である交戦距離は飛躍的に延びた。この延長線上に鉄砲も存在する。

このように身体の一部の攻撃機能を延長して、敵をより遠くから攻撃できるような方向で武器は進化を続け、やがて大砲が作られ、さらに遠くまで攻撃できるロケット／ミサイルが生まれた。技術の進歩は、やがて飛行機による爆撃を可能とし、第2次世界大戦では戦艦の主砲の射程（戦艦大和級で最大射程40キロメートル程度である）を空母から発進した航空機の航続距離（数百キロメートル飛んで行って爆弾を落とせる）が圧倒するようになる。そして、兵器の攻撃可能距離はさらに増大していき、現代では大陸間弾道弾という地球規模の長射程兵器を人類は持つに至った。

さて、サイバー技術が何を変えるか。サイバー攻撃ならば、基本的に距離には関係なくインターネットに繋がっている世界中どこにいる敵でも攻撃できる。また、発射してから命中までの時間も無視できるほど短い。

つまり、サイバー兵器は究極の長射程兵器なのである。*

イ．戦争に新しい戦闘方式を追加した

サイバー技術を利用した各種システムを活用することで軍隊は戦闘を有利に遂行できるようになる。しかし、敵がシステムを利用して我より優位に立とうとするならば、当然、それを妨害しようとする働きが起こる。つまり、敵のシステムの利用を妨げるために、敵システムそれ自体を攻撃目標とするのだ。

ここに、お互いに自分のシステムを守りつつ敵のシステムを攻撃するという新しい戦闘が生まれる。それはあたかも敵の偵察機や爆撃機をこちらの戦闘機で迎え撃ち、それに対して敵もまた戦闘機を繰り出すというような、ある種の戦闘の相克である。**

航空機の場合、このような戦いは「航空戦」と呼ばれる。また、敵が毒ガスを使用しようとするならば、それに対処するために化学的な知識と能力を持った特別な部隊が生まれ、そのための特別な戦闘方式が考えられた。これは「化

* この考えは友人の戦史研究家である市川定春氏の示唆によった。

** この戦闘発展は、ちょうど航空機の発展のようである。航空機の任務はまず観測から始まったわけだが、いまでは、それだけではなく、直接火力（対地攻撃）や戦略爆撃、対空戦闘と多様化している。サイバー攻撃も、現在は偵察や擾乱（サイバー犯罪におけるDoS攻撃などに相当）などに使われることが多いと考えられるが、今後、直接的な攻撃や戦略的な攻撃に利用されることが予想される。

学戦」である。敵の電波を傍受したり妨害したりすること、これは「電子戦」である。

このように、ある特別な技術に直接関連する戦闘方式がある訳だが、サイバー技術を巡るこの戦いは、「サイバー戦」として考えることができるということになる。

すなわち、サイバー技術は戦争という行為の中に新しい戦闘方式、「サイバー戦」という戦い方を追加したというわけだ。

ウ．軍事革命のひとつを提供した

これまで、技術上の進歩や発明、新しい考え方などが、幾度となく戦いのやり方を劇的に変えてきた。これを軍事革命（RMA：Revolution in Military Affairs）と呼ぶ[*]。

ＲＭＡ自体に関してもたくさんの議論[3]があり、技術、運用を問わず、なんらかの軍事的な変革を全てＲＭＡと見なすものから、技術上の変化にだけ注目するもの、特に近年の情報・通信の発達によるものに注目するもの（情報ＲＭＡ）まで多岐にわたっている。逆に、日本の戦史研究家片岡徹也のように技術だけでは戦争の本質を変えることは不可能だと断言する論者もいる[4]など、

＊　「軍事革命」という用語は、もともと政策文書の標語であった軍事上の技術革新を意味するＲＭＡの訳語として用いられることが多いが、近代史学者の議論に由来する歴史研究の概念であるMilitary Revolutionという用語と区別するために、これを「軍事における革命」と使い分けることもある。本書ではＲＭＡの訳語として「軍事革命」を用いる。

ＲＭＡに関する議論は多様である。ただ、いずれも既成の枠組みを破壊し大きな作り替えが起こるという点に注目しているという意味では同じであると言えるかもしれない。

私は、サイバー技術による戦争への影響は、戦い方を大きく変える可能性があるということから、これもＲＭＡのひとつであると考えている。ただし片岡が指摘したように、技術それだけですべてが説明できるとは私も考えていない。

エ．新しい戦場を追加した

昔、高地は戦術上、重要な場所であった。遠くから敵を見渡し戦場全体を俯瞰できることから指揮官にとって指揮が容易な場所であり、また防御の際においてはあきらかに有利な地形であった。[*] 戦術的にはこのような場所を制高点と呼ぶ。

古代の戦闘は、いやもちろん近現代でも、高地をめぐって会戦の帰趨を決めうる重要な戦闘が行われたことが多い。例えば、２０３高地の争奪は有名である。この奪取が旅順港のロシア旅順艦隊を撃滅するとともに、その後の戦いの趨勢を決める上での決定打となった。[**] 硫黄島では擂鉢山の争奪が行われ、それ

＊　蛇足だが、かのクラウゼヴィッツは、それほど高地の重要性を認めていなかったようだ。「そこを占拠することは、心理的には有利だ。しかし、会戦の勝利を確約してはくれない」（兵頭二十八『新訳戦争論』ＰＨＰ研究所、２０１１年）

＊＊　実は異論もある。２０３高地争奪の時点では、激しい日本陸軍の攻撃に対し旅順要塞の防護を強

を失った時、日本軍守備隊は敵を観測することができなくなり、もともと不利な戦況はさらに大きく不利に傾いた[*]。

さて、飛行機が発明された時、一部の論者は、これは新しい高地の誕生であると言った。そして飛行機は単なる高地以上のものであった。飛行機をもって空の上から地上を見ることができるということは、単に高い丘の上から敵を見通す以上の情報を得ることができるのである。つまり、偵察機は前線を越え、敵のはるか後ろの状況をも知ることができるからだ。

飛行機はこうして最初、偵察目的（航空偵察）に使われた。しかし、すぐに敵の航空偵察を阻止するために戦闘機が生まれた。そして、その戦闘機を落とすために、また新しい戦闘機が開発され、空での戦いが始まった。つまり、陸、海に続く、「空」という、第３の戦場が誕生した。

その後、宇宙がこれに続くことになる。技術進歩に伴い、偵察衛星の利用やその破壊、大陸間弾道弾の迎撃など、宇宙空間での戦闘が考えられるようになり、ここに宇宙は第４の戦場と考えられるようになった。

こうしたことと同じように、サイバー技術の導入は情報的に極めて有利になることを意味した。それは、あたかも新たな高地を手に入れたことと同じである。そうなれば、同様に次には味方のサイバー利用を守り、敵のサイバー利用

化するために、ロシア軍は海軍艦艇の砲を取り外し、それを旅順要塞のために転用していたし、水兵等乗組員も陸兵として要塞守備隊に組み入れていたという。つまり２０３高地を確保し、そこからの観測で港湾内の艦隊を沈めたとしても、それはすでに無力化されていた存在であったというものだ。

＊　硫黄島の戦いでは、もともと圧倒的な相対戦闘力の差があり、擂鉢山が取られたことで日米の優位が逆転したわけではないという異論もあるかもしれない。どちらかというと、擂鉢山の価値は制高点という意味もあるが、精神的（シンボル）なものとしての価値の方が大きかったという意見は確かにある。

を妨害するというような、つまり、サイバー空間での戦闘が生起するようになる。こうして、この「新しい高地」を巡る戦いが発生し、サイバー空間が第5の戦場と見なされるようになったのである。

このような流れの中で、中国は、宇宙空間やサイバー空間などを「戦略的制高点」と呼んでいる。[5]

これまでの4つの空間、陸・海・空・宇宙は、その戦術的な時間尺度・距離尺度が各々異なるとともに、それぞれ異なる特性を持っていたわけであるが、*これらに比べサイバー空間での戦闘では特に距離というものが意味をなさないという大きな違いがある。また、現在の技術では攻撃元を正しく識別・標定することも困難であり、このことは攻撃への対処要領や戦闘様相をも、これまでのものと大きく変えていく要因となるであろう。

さらに、戦闘力の投射コストにおいても、格段の差が生じている。陸においては自動車が、海では艦艇、空では航空機、宇宙では宇宙船が必要となり、技術開発や空間滞在のためのコストは多大となっていた。しかし、サイバー空間は数万円のコストで到達可能であり、空間での滞在コストも安価であることなどから、コスト面でも他の空間に比べて大きな差が生じている

いずれにせよ、過去から何度も戦争に於ける各種の変革は起こったが、戦場

＊ 陸軍は日にちで考え、空軍は秒単位で決心する。陸軍が数キロメートルの地図で検討しているときに、海軍は世界地図を見ていたりする。また、陸戦では地形を利用したり、土木工事をしたりすることで戦闘を有利に進めるための準備ができる等、それらの特性は異なっている。

を付け加えるような大きな変革は極めて稀であった。その意味でサイバー技術は戦争に新たな戦場を追加した大変なものだという見方ができる。

オ．戦争の性格を変化させる

古代から近代にかけて戦争は普通の人々のものではなかった。戦争を行うのは戦士であり兵士であり武士であり、つまり専門家の仕事であった。世界中で戦うことを生業とし特別に選ばれ訓練を受けたこれらの人々が戦争を行う時代が長く続いた。もちろん、村や町が戦場になるなど戦争に巻き込まれることもあったし、敵に損害を与えるために敢えて農村部を襲い収穫物を焼くというようなことも行われてはいたが、基本的に一般人は戦争に巻き込まれることはあっても自ら戦争に参加するということはほとんどなかった。*

17世紀頃の戦争も専門の兵士によるものだった。このような戦争の専門家による戦争、その極限が中世ヨーロッパの国王たちによる戦争である。当時の戦争は傭兵により行われていた。国王にとり傭兵は貴重な戦力なので簡単に失って貰っては困る。いや、雇われている傭兵隊長にとっても、その部下は大事な資産である。これは対戦している敵の傭兵隊長にとっても同じことであるから、本気で殺し合いをして兵を失うのはどちらも痛い。というわけで、当時の

＊　戦国時代の「一領具足」のように「半農半兵」の場合もあるので、やや誇張された表現ではある。

いた。[6]

しかし、これを大きく変えたのはナポレオンである。* フランス革命の後、革命が自国に伝染するのを恐れた周辺諸国の国王たちによる反革命戦争が始まった。このフランスの危機が迫った時、ナポレオンが登場し、「革命を守れ!」の号令の下、愛国心をあおられた一部の国民が戦争に参加するようになった。国民軍の誕生である。後に、フランス軍に連戦連敗だった諸国も同じような国民からなる軍隊を作り、フランスに対抗するようになっていく。国民の一部が進んで戦争に参加する国民戦争の時代が始まったのだ。

第2次世界大戦では、その様相がさらに変化した。20世紀の戦争では、国家同士の戦いは単純な軍事力だけで決まるのではなく、その軍事力を支える経済力が物を言うようになった。そのために、すべての国家の力、全国民が戦争のために総動員されるようになった。これは国家総力戦と呼ばれる。

また、戦略爆撃というかたちで相手国の国力の基幹である産業等を直接攻撃することも行われるようになり、これにより一般の人々も攻撃を受け、いやおうなく戦争に巻き込まれる、つまり、すべての人々が意図せずして戦争に参加するという様相を呈するようになった。

* 実際にはナポレオンの登場の前に、社会の発展とともにいろいろな軍事上の変化が生じていたのだが、ここでは話を簡単にするために省略した。

そして、サイバー技術は何を変えるか。

第3章で記述するが、2008年のロシア・ジョージア戦争では、それぞれの国のハッカーたちが愛国心に燃えて敵国のシステムをサイバー攻撃した。このようにサイバー技術は、戦闘員ではない人々が自らの意思で簡単に戦争に参加することを可能にしたのである。

21世紀のサイバー戦争においては、戦線とか戦域といった物理的空間の境界や領域は存在せず、戦場はサイバー空間である。ここでは直接、敵の姿を視認することもなく、血を見ることもない*。そのような戦場では、これまで戦争に無関心、あるいはそれを避けていた人々も容易に戦争に参加できるのだ。攻撃対象は敵軍そのものでなくても良い。敵軍の兵站を支える物流システムであったり、基盤となる通信網、あるいは敵国の経済システムそのものであったりしても構わない。人々は、これらをサイバー技術で打撃することができる。

このように考えると、サイバー技術は、人々が否応なく巻き込まれる戦争から、人々が勝手に参加する戦争へと、戦争自体の性格を変えるものだと言えるのではないだろうか。

＊　米国南北戦争で南軍を率いたロバート・E・リー将軍の有名な言葉に「戦争がこれほど悲惨なのは結構なことだ。そうでなかったら、我々は戦争を好きになりすぎてしまうだろう」というのがある。将軍は戦争の恐ろしさを見抜いていた。しかし、サイバー戦争はその悲惨さを覆い隠す。これ自体が恐ろしい可能性を秘めているということだ。

カ．新たな戦争理論の始まり

サイバー技術がもたらす戦争の変化は、新たな問題を引き起こす可能性がある。サイバー技術により戦争開始のハードルが下がってしまうかもしれないのだ。

かつて、核抑止理論というものがあった。ごく簡単に言えば、核兵器を持った国同士は、お互いに敵を殲滅できる確証が得られず、つねに核による敵からの報復を考えなければならないために、戦争自体の発生が抑制されるという理論だった。

さらに、双方もしくはどちらかの国が核兵器を持っている場合は通常戦争にも抑止がかかっていた。たとえ通常戦争の場合でも、核兵器を持っている敵を徹底的にたたくと核による反撃を受ける恐れがあり、それが通常戦の開戦についてもブレーキとして働くからだ[*]。

ところが、サイバー技術が利用できる世界では、逆のことが起こりえるのではないか。つまり、安くて誰でも持つことができ、なおかつ使用した場合に実行者がわからない兵器であれば、それを利用した戦争は起こしやすいということになるだろう。こうして、21世紀は、「サイバーアクセラレーション[**]／推進」とでも言うべき、戦争開始のハードルを下げるということが起こりかねな

＊ もちろん例外はある。例えば１９７３年の中東戦争や１９７７年の中越紛争である。イスラエルや中国が核兵器を持っている可能性があること、あるいは実際に持っていることはアラブ側もベトナムも承知していたはずだが、どちらもその敵と戦うことを思いとどまらなかった。これらのケースでは抑止は効かなかったということになる。抑止はそれほど単純ではないということだ。

いと思う。これについては、第5章でもう一度述べる。

このように20世紀には核抑止理論というものがあったが、21世紀にはサイバー技術に応じる新しい戦争理論体系が生まれるかもしれない。

前頁＊＊　抑止（Deterrence）の対語として加速（Acceleration）とした造語である。

キ．戦争自体の概念が変わる

「戦争とは、敵を強制してわれわれの意志を遂行させるために用いられる暴力行為である」とクラウゼヴィッツは言った。[7] 強制するということは相手に対してなんらかの力を行使することである。そして、この力は普通、軍事力であるとするのが一般的である。

しかし、ここでアルビン・トフラーの力の解釈[8]を応用したい。彼によれば力には3つある。それらは、軍事力、経済力、情報力である。もし力がこの3つであるならば、この3つのそれぞれの力を用いて、自分の意思を相手に強制する行為は、広く戦争と呼ぶことができるのではないだろうか。

まず第1の力である軍事力についてはその行使が戦争と呼ばれることは自明であろう。

20世紀以前は、戦争の主役は軍事力であった。しかし、第2次世界大戦では国家総力戦と言い、戦争の帰趨を決めるものとして、軍事力を支える経済力を抜きに戦争を遂行することはできなくなった。これを戦争の本質が変わりつつあった兆候であったと私は考える。つまり、意思を強制する力として、軍事力だけではなく、経済力も利用されるように変化してきていたのだ。

とするならば、軍事力が主たる力ではなく、第2の力である経済力が主たる力である戦争というものが考えられるのではないか。

実は経済力による戦争、「経済戦争」はすでに起こり、そして終わってしまったと思う。その戦いはいわゆる冷戦時代に行われた。つまり、世界は、経済という土俵の上で、共産主義陣営と資本主義陣営に分かれ、経済的な世界戦争を戦い、より効率に優れていた資本主義陣営がこの戦争に勝利したのだ。これは軍事力を伴わない経済力による「見えない戦争」であったと私は考える。

そして、このように、いわゆる冷戦が見えない戦争であったとすれば、21世紀の現在、すでに、第3の力、情報力による新しい見えない戦争が始まっているのだ。かつて戦争を有利に運ぶための手段のひとつであった情報が、それ自体、争奪され守られるべき対象となり、かつ、それ自体が戦場となっている。私はこれを「情報戦争」という、経済戦争に次ぐ新しい戦争であると考えている。*

その究極の目標は、相手の意思決定をこちらの都合の良いようにコントロー

＊「情報戦争」という考えは私の独創というわけではない。大勢の人が同じ考えを持っている。例えば「Ｗｉｌｌ」（２０１４年８月号）に、拓殖大学客員教授で日本を代表する保守論客の一人である藤岡信勝は「この情報戦争こそが21世紀の戦争の中心的な形態〜中略〜日本はいま、戦争を戦っている」と述べている。

次頁＊　読者は「宣戦布告」という言葉を知っていよう。最近、現実世界でこの言葉を聞かなくなったことにお気づきであろうか。実は、現在、「宣戦布告」を発するのは実際上できなくなっているのである。それは、地球上のほとんどの国家が加盟している国連憲章に縛られるからだ。国連

ルすることだ。

そのために情報操作ということも行われる。このような活動は、心理戦・謀略戦と呼ばれ、前の大戦でもラジオ放送等を利用して行われていた。ドイツ軍が米英軍兵士の士気を下げるために「リリー・マルレーン」という物悲しい名曲を流していたのは有名である。日本軍も東京ローズと呼ばれた女性が連合国軍兵士に向けた謀略放送を行っていた。

これまでの戦争は物理的なものであり、目に見えていた。21世紀の今日、物理的な戦争を遂行するのは多大の費用がかかるのはもちろんのこと、国連憲章*やその時々の国際世論もあり制約が多く政治的にもハードルが高い。一方で情報戦争は見えない以上それらの制約が少ない。とすると、これからは見えない戦争が国家間で国益を争う主たる戦争となるのではないかと思う。いや、それはすでに始まっているのかもしれない。第3章でウクライナにおける情報戦争の話題を記述するが、それがその一例である。

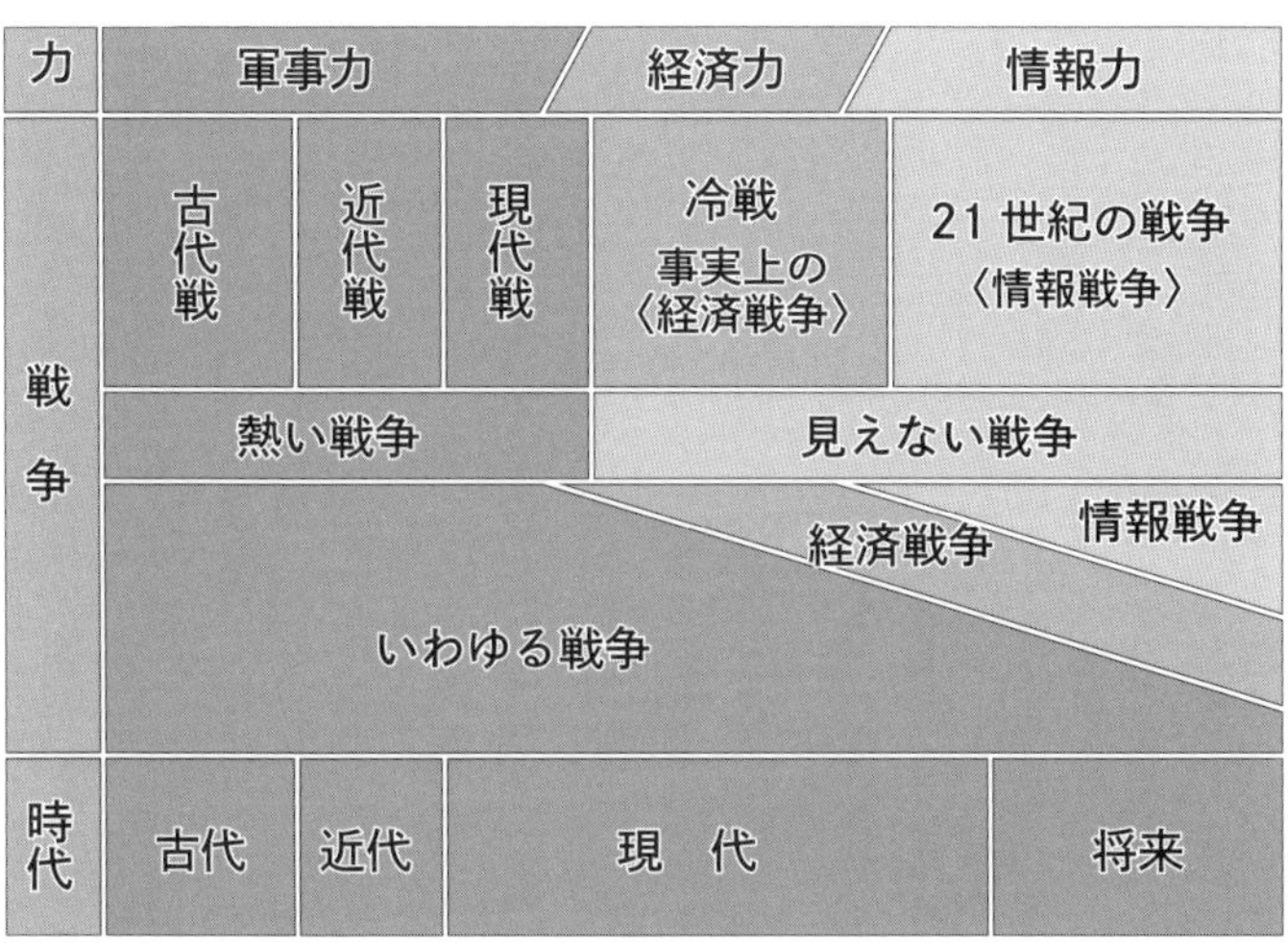

力
軍事力
経済力
情報力
戦争
古代戦
近代戦
現代戦
冷戦
事実上の〈経済戦争〉
21世紀の戦争〈情報戦争〉
熱い戦争
見えない戦争
情報戦争
経済戦争
いわゆる戦争
時代
古代
近代
現　代
将来

そして、情報戦争は、現在、サイバー空間を主戦場として戦われている。それはインターネット等、サイバー技術を利用する事で、これまでの従来型の情報活動に加えて、これまでの何倍もその実行が容易に、また影響も広範囲におよぼすことができ、合わせて従来型の情報活動の効果を増大することもできるようになってきているからだ。

このように、サイバー技術の発達は、究極的には、戦争の概念をも変えてしまうものになるのかも知れない。そうすると、情報戦争の一部として、明示的な武力を伴わずサイバー技術だけで攻防が行われる戦争、そんなものもありえるかもしれない。それを私は「純粋サイバー戦争[*]」と呼んでいる。

◉サイバー戦争

ここまで、サイバー技術が戦争に与える影響に関していくつかの考察を行った。その中で、サイバー戦争とは何かについて私なりに書いてみた。しかし、一般には、言葉どおりのサイバー戦争があるかどうかも実はまだ議論が定まっていない。

そもそもサイバー戦争自体の定義がはっきりしていないのだ。いろいろな議論がある中で、リチャード・クラーク（米国の元サイバーセキュリティ担当大

憲章では、自衛のための戦争以外は禁止されている。ならば、他国に宣戦布告するということが、この考えに合わないのはあきらかであろう。

＊　純粋サイバー戦争は本当にあるのか？　核戦争という場合、焦点を明確にするために核兵器を思考の焦点に置いているだけで、その戦争では全く通常戦がないというものでもあるまい。一方、純粋化学戦争というものは存在しない。今後の研究が必要である。

統領補佐官）による「損害や混乱をもたらす目的で、国家が別の国家のコンピューター、もしくはコンピューター・ネットワークに侵入する行為」というものがある。[9]また著名な学者であるジョセフ・ナイ（ハーバード大学教授、米国の元国防次官補）はこれに関して「大きな物質的暴力を増大させる、ないしはそれに匹敵する効果をもたらす、サイバー空間における敵対行動」と述べている。

私自身は「必ずしも明示的な武力攻撃をともなわず、サイバー技術を利用して対象国に何かしらの損害を与える行為、また自国に利益を与えるネットワーク上の活動」[10]であると考えている。

つまるところ、定義問題を脇においたとしても、たくさんの検討課題がある。例えば、サイバー空間が新しい戦場とすれば、これまでの戦略、作戦、戦術はどう変化するか？　そもそも、サイバー空間に於ける戦術とは何を言うのだろうか？　これまでの軍事のアナロジーがどの程度通用するのだろうか？　今後、サイバー攻撃は主たる攻撃要領になるか？　そもそも、サイバー攻撃だけで戦争たりえるのか、それともサイバー攻撃は戦争の付随的

サイバー技術は戦争を変化させる

①交戦距離を無限大に延長する新しい兵器を提供した
②新しい戦闘方式を追加
③軍事革命のひとつを提供
④戦争に新しい戦場を追加
⑤戦争の性格を変化させる
⑥あらたな戦争理論の始まり
⑦戦争自体の概念が変わる

な物にすぎないのか。これらの課題の内、いくつかは私見を述べることになるが、研究は始まったばかりである。

2　21世紀の戦争

前項で、「戦争とは力を持って我が意思を相手に強要することであるとすれば、その力は必ずしも軍事力ではなく別の力でも良いかもしれない」という意味のことを書いた。だとすれば、さらに、それらの力を組み合わせて戦うこともまた可能であるということになる。おのずとそれは戦争の新しいかたちというものになろう。

(1)　国家総力戦から複合戦争へ

◉過去の戦争

20世紀より前は、国益が争われた場合、主に軍事力のみで国家意思を衝突させた。これが普通に言われるところの戦争である。第２次世界大戦は戦争の遂行とその帰趨に経済力が大きな割合を占めたのはよく知られている。これを一般には国家総力戦という言葉で言われている。

前にも述べたが、私は、この戦いを軍事力による戦争の時代から経済力による戦争の時代への過渡期のものであったと考えている。そして、冷戦時代は、経済における戦争、すなわち経済戦争の時代であった。

◉新しい戦争

今日、もし戦争が起これば、いや、すでに始まっていると私は考えているが、それは「軍事力と経済力と情報力を複合し、あらゆる手段を尽くして敵に勝とうとするもの」になるだろう。それらの力はそれぞれ状況により使われたり使われなかったり、言い換えれば、見えたり見えなかったりする。しかし、この新しい戦争は文字どおりの国家総力戦争*である。これは、「複合戦争」とでも言えるかもしれない。

このようにして、戦争のかたちが変わるとすれば、その形態は具体的にどのようになるだろうか。おそらく明示的な軍事力が行使される前に、まず、経済

＊　一般には「国家総力戦」という言葉があるが、ここでは、敢えて多様な戦争概念のひとつという意味から、「国家総力戦争」という言葉を用いて使い分けた。

制裁や経済封鎖というような、経済戦争の手法が試みられ、[*]それでも相手が屈服しなければ、それらに追加するかたちで軍事力が使用される。その際、情報力による攻撃手段は最初から最後までつねに使われているのだ。そしてこのような経済戦争でも、サイバー攻撃を利用した為替操作等、経済上の多様な攻撃を考えることも可能だ。

次に、この新しい戦争のかたちについて、経済戦争の側面は省略し、情報戦争の主たる手段であるサイバー攻撃に主軸をおいて以下、述べようと思う。

(2) サイバー攻撃と戦争

●軍事行動に伴うサイバー攻撃

まず考えられるのは、軍の作戦行動に伴い、必ずしも軍とは限らない何者かが、敵の政府機関等をサイバー攻撃することである。政府機関だけではなく、民間の工場、その産業用制御システムや、物流、電話網等の情報通信システム等を攻撃対象にすることで、軍が必要とする弾薬・燃料等の製造・運搬、それらに関連する各種業務を阻害して、間接的に軍隊の動きを掣肘しようとするか

＊　2015年4月、米国オバマ大統領はサイバー攻撃に対して経済制裁で反撃する大統領令に署名した。これにより財務省は、重大なサイバー攻撃に関与した個人や組織の資産を凍結したり金融取引を禁止したりすることが可能になった。

もしれない。さらに、後方攪乱のために、電力系や水道など社会インフラ自体への攻撃も行われる可能性がある。

こうなると、戦争行為となんら変わらないと言えよう。しかし、攻撃国は軍隊がこれらのサイバー攻撃の実行者であることは否定する。あくまで軍は表に出ず、民間人等を利用してサイバー攻撃が実施されるのだ。というのは、現時点においてはサイバー攻撃に関する国際法が明確ではないので、それがはっきりするまでの間は、どの国も表立って戦争法規違反になる可能性がある「軍によるサイバー攻撃」をやっているとは認めることがないと考えられるからである。

もちろん、このような形態のサイバー攻撃が行われた場合、その攻撃元が交戦中の敵国であることは容易に想像できるが、それは民間人によるものであると相手国に強弁されれば、それは戦争行為ではなく単なる犯罪だということになるので、現時点の国際法規や枠組みの下での効果的な対応は困難である。特に現在の日本は、外国からのサイバー攻撃に対する政府の中における任務分担*等、決まっていないことが多いので対応に苦慮することになろう。

＊　2014年11月にサイバーセキュリティ基本法が成立した。その18条において、今後、政府内部の役割分担を明確化すると記してある。言い換えれば、現時点では役割分担が明確化されていない状態であるということだ。

◉戦争におけるサイバー攻撃の利用（サイバー戦）

本項で扱うサイバー戦とは、20世紀まで普遍的だった通常型の戦争に於ける特殊な戦闘方式のひとつで、軍隊が自らサイバー技術を活用して戦闘を有利に進めようというものだ。場合によっては決定的な成果をもたらすかもしれないとはいうものの、あくまでもサイバー攻撃自体は戦闘における補助的な地位にある。

サイバー戦が行われる戦争ではサイバー奇襲攻撃から戦闘が始まる。当たり前だが、もっとも効果的な攻撃は相手が準備していない時に行われる攻撃だ。サイバー攻撃でもそれは同じである。なんらかの兆候が検知されることでサイバー攻撃があるかもしれないという警報が出て警戒態勢をとられた後では、システムの防護レベルが上がる。相手はシステムを新しいバージョンへ緊急入れ替えすることや、逆にソフトウェア等をバックアップしてあった安全なものに入れ替えてしまう等の各種の防護処置をとるであろう。そうなれば、事前に仕掛けておいたマルウェア、いわゆる論理爆弾*も消されてしまうかもしれないし、これから使うつもりで用意してあった攻撃用のツールなども効果が発揮できなくなる可能性が高い。

というわけで初戦は物理的な攻撃に先立ちサイバー奇襲のかたちで攻撃が始

＊ 通常は正規のソフトウェアとして決められたとおりの業務を行っていたり、何もしないで単に隠れていたりするが、特定時間になったり特定の信号の入力（それは外部からのものでも使用者によるものでもどちらでも良い）があったりすると、機能停止や誤動作、あらかじめセットされていた間違いデータの送出など、システムの正常な運転を妨害するための機能を持ったマルウェアのこと。

まり、その際、敵は持っているサイバー攻撃能力のほとんどを全力で使うのではないかと考えるのが妥当であろう。[*]

その後の戦闘の推移だが、今度は軍事力による物理的な戦闘行動がすでに行われているので、それまで秘密裏に行われていた敵のシステムの弱点を調べることがもっと大胆に行えるようになる。

例えば機材の鹵獲[**]である。鹵獲した機材を分析することで敵が利用しているシステムに見合ったマルウェア[***]を作成することが可能になる。また、敵は捕虜をとり、彼から得た情報を利用できるほか、そのアカウントを入手して正規ユーザーとしてシステムに加入することもできることになる。このような危険に対処するためには、行方不明者等のアカウントの管理が重要となろう。

さらに、鹵獲機材や捕虜から得られた情報は、決戦時あるいは反撃時等の緊要な時期に、戦闘効果を最大にするためのサイバー攻撃を行うために利用されよう。

以上のような「サイバー戦」に関する細部事項については、次章でさらに詳しく述べることにする。

＊　漏れ伝わるところでは、中国人民解放軍は「まず敵のシステムを攻撃するところから戦闘を開始する。逆に、初戦では敵からのサイバー攻撃があることが常態である」として訓練を行っているとのことである。

＊＊　ろかく……軍事用語で敵から器材などを奪い取ること。

＊＊＊　不正なプログラムの総称。よく聞くウイルスというソフトウェアはそのひとつで、狭義には自然界のウイルスのように自己増殖する機能を持たず他のプログラムの働きを利用して増えていくソフトウェアのことであるが、一般的にはマルウェアを意味して使われることが多い。

(3) 純粋サイバー戦争

純粋サイバー戦争は今までになかった新しい戦争といえるものである。国家主体が組織的なサイバー攻撃を行って相手国になんらかの被害を与える。その目的は相手国政府に対して政治的な圧力をかけることだが、攻撃の主体（政府機関なのか民間の犯罪者なのか等）は必ずしもあきらかにならない。

このような、そもそも誰がやっているかわからないサイバー攻撃は、その意思と能力を暗に示すことができる一方で、あからさまな軍事力による威嚇や実際の武力攻撃に比べれば、武力事態となる可能性は低くなるから、国によっては、このようなタイプの攻撃を行うことは、リスクが低く、ある種の戦争として有効であると考えるかも知れない。

この場合、第３章で取り上げる２０１３年に韓国が攻撃された事件のように、まずは放送局や金融機関など、その被害を隠すことができず、騒ぎが大きくなるところを狙い攻撃の力を見せつける。これにより外交交渉が有利になるような一種のシグナルを送るわけである。つまり、対話に応じなければ、この後、「貴国の重要な社会インフラが攻撃され物理的被害発生の可能性もある」

とアンダーでメッセージを送るわけだ。

ちなみに、日本の現行の法制度下では、日本がこのような攻撃を受けた場合、対応は著しく困難だ。戦争行為には見えず犯罪となれば、たとえ攻撃元がある国からであると特定できたとしても、相手国に犯罪者である攻撃者を見つけて捕まえてくれと頼むことしかできないのだから。

さらに、このような事態では、当事国双方にあるそれぞれのコンピューター緊急対応チーム（CERT: Computer Emergency Response Team）*同士は連絡を取り合い情報を交換することになろう。**これがまた問題である。普通の戦闘においても最も知りたい情報のひとつは敵の被害状況である。それがわかれば自分の攻撃リソースのより効率的な配分が可能になるからだ。サイバー攻撃でも全く同じことが言える。したがって、ＣＥＲＴが善意で伝えた被害状況は敵を利する可能性があるのだ。

次に、もっと悪辣な事態も考えられる。それは、第三国あるいは第三者の非政府機関やグループによる国家規模の「なりすまし」攻撃の可能性だ。ある二国間で問題が発生したり、戦争になったりすれば、第三国として、特需による景気の向上、あるいは仲介による国際的地位の向上を図る等、漁夫の利を得ることができると考え、サイバー攻撃の攻撃元がわからないことを利用して、わ

＊　あるいはCSIRT（Computer Security Incident Response Team）

＊＊　これは戦争であるとはっきりしている場合ならば、敵国と連絡を取り合うことはないだろうが、ある種のサイバー戦争では真の敵がわからないということも考えられる。

ざと火種を投げ込もうとする不埒な国や組織があるかもしれない。

　サイバー攻撃を受けた国は、このことが想定されるために、犯人と誤認して間違った相手を攻撃するおそれがあるため攻撃元に見える国をただちに攻撃することはできない。* そうすると、いたずらに損害は増え続け、対処がままならずに手がつけられなくなる恐れもある。これは、このサイバー戦争に対しては抑止がかからないということに通じる。この問題については第5章で述べる。

(4) サイバー戦争の終わらせ方

　本章では、サイバー技術が戦争にいろいろな面で変化を与え、戦い方もこれまでのそれとは変わってくるだろうと書いてきた。では、戦い方ではなく、終わらせ方はどうなるのだろうか。この問題について興味深いことにあのクラウゼヴィッツは触れていないという。[11] いずれにせよ、これは本章の最後を飾る話題として最適かもしれない。

　まず、通常戦争においてサイバー技術が用いられた場合に関しては、通常の戦争の終わり方と同じであろう。交渉し双方が停戦に同意すれば、手順を踏ん

＊　とはいうものの、米国はこのような事態を極めて懸念しており、2014年に米ソニー・ピクチャーズエンタテインメントがサイバー攻撃を受けた際、ただちに、その犯人は北朝鮮であると断定して経済制裁をもって反撃した。しかし、この反撃は、米国をサイバー攻撃すれば、(仮に絶対的な証拠がなかったとしても) 最も怪しい相手に対して懲罰を加えるというメッセージであったという分析もできる (自著『サイバー・インテリジェンス』による)。

で占領軍の進駐と武装解除そして軍政の実施と、戦争は終結していく。そこではサイバーならではの特性は特段ないと考えられる。

しかし、純粋サイバー戦争の場合は難しい。サイバー戦争では全面的なサイバー攻撃を行う場合と限定的なサイバー攻撃を行い相手に譲歩を強いるようなやり方をする場合が想定できる。前者を、いわゆる全面核戦争に相当する概念上のものとして全面サイバー戦争と呼ぶことにしよう。

先制的な全面サイバー攻撃が実施された場合、相手国のほとんどすべてのシステム・通信インフラがダウンしていることになる。このような場合、戦争の当事者である敵国の代表とどうやってコンタクトするのか？　なにしろ相手は通信系を含めあらゆるシステムが使えないのだ。

そして、仮にその国の首相なり戦争を終わらせることのできる相手と接触できたとして、彼は戦争の終結をどうやって国民に伝えるのだろうか。数少ない伝達手段から来た停戦命令の連絡を受信者は信じないかもしれない。「これは敵の謀略だ」と。こうして地方に数百数千の横井庄一や小野田寛郎たちが終戦を知らないで戦い続けるということになるのかもしれない。あたかも全面核戦争のあとの絵姿を想像させるような感じである。

さて、全面サイバー戦争ではなく、政治目的を達成するために限定的なサイバー戦争が行われた場合、たぶん、ほとんどの人はその痛みを感じられないために、簡単には降伏しようとはしないだろう。少なくとも人間が諦めるためには、銃を持った敵の兵士がわがもの顔に自分の国を跋扈しているのを見ることが必要だ。しかし、人間は意外としぶとい。先の大戦で、パルチザンやレジスタンスが活躍したように、人々は簡単には諦めないだろう。こうして、限定的なサイバー戦争では、簡単には戦争を終わらせることができず、国民が疲弊しきり厭戦気分が蔓延するまで、いつまでも戦争は続くことになるのではないだろうか。

1　ノーバート・ウィーナー『サイバネティックス』（池原止戈夫他訳、岩波文庫、２０１１年）
2　クラウゼヴィッツ『戦争論』（淡徳三郎訳、徳間書店、１９６５年）
3　片岡徹也『軍事の事典』（東京堂出版、２００９年）
4　同右
5　「中国の武装力の多様な運用」中華人民共和国国務院新聞弁公室２０１３年４月日本語版白書 http://japanese.chaina.org.cn/politics/txt/2013-04/17/content_28570492_2.htm
6　浅野裕吾『軍事思想史入門』（原書房、１９７９年）

7　クラウゼヴィッツ『戦争論』（第1編、第1章2項）（淡徳三郎訳、徳間書店、1965年）
8　アルビン・トフラー『パワーシフト　21世紀へと変容する知識と富と暴力』（中公文庫、1993年）
9　リチャード・クラーク他『核を超える脅威　世界サイバー戦争』（北川知子他訳、徳間書店、2011年）
10　伊東寛『「第5の戦場」　サイバー戦の脅威』（祥伝社、2012年）
11　マーチン・ファン・クレフェルト『戦争文化論』（石津朋之監訳、原書房、2010年）

第２章　サイバー戦

第１章では、サイバー技術が戦争に与える影響のひとつとして、現代的な軍隊がシステムを利用し、またそれに依存するようになることで、これまでより有利に戦えるようになった一方、戦闘遂行要領の中に以前にはなかったような新たな弱点が形成されることとなり、こうして、システムをめぐる新しい戦い方、すなわちサイバー戦が始まったと述べた。

第２章では、この戦闘行為に直接的に関わる「サイバー戦」に関して述べる。

1 サイバー戦の概要

サイバー技術を戦闘に用いるこの新しい戦いに関しては当然ながら未解決の問題も多い、特に法律に関しては全くグレーであると言わざるをえない。この点に関しては後で扱うことにし、ここでは、サイバー戦とは何かについて、定義や考え方、そして特徴などに関して記述する。

(1) サイバー戦とは

現在、サイバー戦の定義として確立し、標準としてすべての人が使っているようなものはまだないが、よく知られているものとして、1996年に米軍が情報戦の一部としてサイバー戦を定義したものがある。そこでは「コンピューター間におけるサイバー空間*でのデジタル化された情報の伝達を巡る戦いをい

* デジタル化された各種の情報を伝達したり取り扱ったりできる、コンピューターやネットワークで構成された仮想的な空間のこと。

う」となっている。[1] また、最近ではサイバー空間作戦として「サイバー空間の中で、又はそれを通して目的を達成することを企図して、サイバー空間の能力を採用することである」との記述もある。[2]

しかし、いずれもわかりにくい感じが否めない。そこで、第1章での議論も受け、以下のような定義を提案したい。「サイバー戦とは、戦争を有利に遂行するために行われるサイバー空間での戦いである」

この定義は、サイバー戦を化学戦や電子戦のような、戦争における特殊な戦闘要領のひとつとみなし、それがコンピューターやネットワークの中にある仮想的な空間内、いわゆるサイバー空間内での戦いであるという点に着目したものである。つまり、戦争行為の一部としてサイバー戦を捉える定義である。

もう少し嚙み砕いて説明すれば、サイバー戦とは、武力攻撃の一環として、交戦者資格を有するハッカーなどのサイバー戦士が、マルウェアあるいは軍事用に特別に用意されたソフトウェアの利用等、電子的な形態[*]で、ネットワーク及びネットワークに繋がっているコンピューターやルーター等電子装置ならびにこれらを動かしている運用ソフト・データ・設定データを攻撃することにより、情報の収集や、敵のシステムの破壊、機能停止、機能低下、誤動作、利用の妨害などを図る事、そしてそれらの脅威から自己のシステムを守

＊　電子的な攻撃であるEMPや高出力の電磁放射、さらには物理的な攻撃をこの範疇に入れるかどうかは議論の俎上である。

ることである。

(2)　戦略的なサイバー戦と戦術的なサイバー戦

◉レベルに応じる分類

「戦略とは何か、戦術とは何か」をここで述べるのは難しいが、一般的に軍事において高位のレベルを対象とした場合、戦略的と言う*。戦術は、現場で効率的に戦闘に勝つための方策や術である。最近では、この間を繋ぐ、作戦術という概念もある[3]。これは戦略的な目的を達成するために部隊を運用する術とでも言おうか。しかしこの概念は日本ではまだ研究途上であるので、本書ではこれ以上触れない。

　さて、サイバー戦も、そのレベルにより区分することができる。これらをそれぞれレベルに応じて戦略的なサイバー戦と戦術的なサイバー戦として分けて考えたい。

◉戦略的なサイバー戦

＊　私としては、単なるレベルの問題というより、「勝ち目を何に見いだし、そこへ至る道筋をつけるのが戦略である」と理解しているが皮相的なものかもしれない。あるいは、戦略的とは、間接的アプローチ（直接的な目的達成ではなく、間接的に目的達成を図る）のことだと捉えると分かり易いかもしれない。

太平洋戦争の際、米国はB29爆撃機を用いて日本の都市に対する爆撃を行い、日本の戦争遂行基盤を破壊しようとした。これは戦略爆撃と呼ばれている。このような戦略的なレベルの攻撃をサイバー攻撃によって実施しようとするものが戦略的サイバー攻撃ということになる。つまり、サイバー攻撃の対象を相手国の社会・経済基盤、いわゆる重要インフラ*に向け、そのインフラを支えているネットワークの混乱や破壊を通じて戦略目標を達成しようとする攻撃である。すなわち間接的なアプローチである。

この考えをさらに拡張すれば、ソフトウェア技術者の自由をなんらかの手段で抑制・拘束する。ITのハード作成に不可欠の資材・資源（レアメタル等）を支配する。サイバー交戦規定を、自国に有利に締結させる。世界のOSを自国の得意なものにする等なども幅広い意味での戦略的サイバー攻撃と言えるのかもしれない。

他にも、歴史的には海上封鎖というものがあった。海に囲まれている敵国を軍艦で囲い、輸送船などを沈めてしまったりその航行を妨害したりすることで、敵国の経済を締め上げるというものだ。第3章で取り上げるが、これに相当するサイバー封鎖という攻撃がすでに行われている。

このように理解すると、戦略的サイバー攻撃とそれに対する防御等を含んだ

＊　例えば、我が国における「重要インフラ」として定義されているのは、次の13分野である。情報通信、金融、航空、鉄道、電力、ガス、政府・行政サービス、医療、水道、物流、化学、クレジット、石油。

概念が戦略的なサイバー戦ということになるであろう。

◉戦術的なサイバー戦

戦術的サイバー戦とは、軍事における戦術レベルのサイバー攻撃の応酬である。具体的には、敵の軍隊が使用している各種システム、例えば、指揮統制システムや後方システム、あるいは兵器システム等をサイバー技術の利用により攻撃すること及びそれに対する防御等ということになろう。これは、敵のシステムにウイルスを感染させたり、いわゆるハッキングを行ったりして、システムを直接、使用不能にすることから、システム中のデータやプログラムを書き換えてしまい、正常な動作を阻害してしまったりすること等がその攻撃要領として考えられる。細部については後述する。

◉グレーな領域

なお、戦略的なサイバー戦と戦術的なサイバー戦の間にグレーな領域があることを指摘しなければならないだろう。サイバー空間が民間のシステムを多用しているように、そもそも、軍隊はその兵站を民間企業の活動に依存している。弾薬、燃料はもちろん、食料も軍隊は結局のところ、後方の民間企業による生産や物流に依存しているわけだ。

とすると、サイバー攻撃で軍隊の各種戦闘システムなどを攻撃するのではなく、敵の軍隊の行動を制約するために、民間の生産や特に物流を攻撃するというのはありうる。実は、これまでもそれは行われてきた。第2次世界大戦時、フランスの対独レジスタンスは、被占領地域での後方攪乱活動を行ったが、そのひとつに鉄道爆破などの活動があったのは有名である。

サイバーの時代には、このような後方攪乱活動がよりやりやすくなる。いわゆるサイバーレジスタンスは、直接、警戒厳重な現場に行かずとも遠隔地から安全に敵のシステムを攻撃できるからだ。サイバーレジスタンスについては第4章でサイバーゲリラとしてまた触れることにする。

そして、これらの民間企業との関係を考慮するならば、さらに調達や契約に関わる支払いなどが電子決済[*]になっている時代では、それすら攻撃の対象になりうるということになる。こうなるとそれが戦略的なサイバー攻撃とも戦術的なサイバー攻撃とも分類しがたい攻撃ということになり、これは第1章で取り上げた経済戦争の一形態としての全く新しい戦争手段のひとつなのかもしれない。

＊　現在、世界各国で電子政府構想が進展しており、特に先進国では政府と受注企業の間で電子決済が進んでいる。例えば米軍においては、ＧＣＳＳ－ＦｏＳ（Global Combat Support System-Family of Systems）というシステムが作られ、そこでは、民需品及び軍需品の調達、その契約や支払、受領及び輸送等が電子決済で行われているという。

(3) サイバー戦と電子戦の関係

サイバー戦の機能のうち、敵の指揮統制機能を妨害・混乱させようという意図に基づく活動は、敵の行う通信を妨害したり傍受したりする電子戦として知られている活動と同じである。電子戦は無線電波などの物理的な実体を主な対象としている戦闘だが、サイバー戦はソフトウェアを主な対象とする戦闘であるという違いがあるだけである。つまり、サイバー戦はレガシーな電子戦と良く似ている。

それならば、このふたつを連接し有機的に運用するという考えはないのであろうか。* 実は中国人民解放軍では現在そのような認識に立って、これらを併せて網電一体戦**と呼称して部隊の育成を図っているとのことである。[4] そこでは、敵の指揮統制活動を攻撃するために、それぞれの場面において最適の要領すなわちレガシーな電子戦上の攻撃***、電波妨害とサイバー戦による攻撃が有機的に実施されることになると言う。この考えはさらに発展し、最近では「信息対抗」、すなわちサイバー戦そのものと昇華されたようである。

また、米国軍では、すでに教範化されており、「Cyber Electromagnetic

* 1992年に著者は陸自幹部学校の学生であったが、その時の卒論は「ソフトウェアジャマー　コンピューターソフトウェアを用いた電子戦の新分野」であった。この論文では、電子戦の妨害機能にソフトウェアを利用したものを追加することが期待できることを指摘した。

** 「米軍は強いが弱点もある。過度にコンピューターとネットワークに依存していることだ。そこで戦闘に先立ち、電波妨害とサイバー攻撃によるシステムダウンにより、米軍を混乱させ、彼らがそれから立ち直る前に数で圧倒する」という考えであったという。

Activities（サイバー電磁活動）」として、野外教範FM3－38に記述されているところである。

今後、各国軍の装備や指揮統制システム等がサイバー技術に依存する割合はどんどん増大していくが、逆にそのシステムの持つ脆弱性も増していく。そうした中で、電子戦とサイバー戦を含む、いわゆる「サイバー電子戦」の重要度も今後、益々増大していくことになるであろう。

前頁＊＊＊　最近では、核爆発等を利用して発生させた強烈な電磁波（EMPと呼ばれる）を用いて電子機器を機能不全に陥らせるということも知られているので、必ずしもレガシーとは言えないかもしれないかもしれない。

2　サイバー戦の機能

サイバー戦を理解するためには、それを機能別に分析すると良いのではないかと思う。その機能とは、情報収集に関わること、攻撃に関わること、防御に関わることの3つであり、用語として、仮に、サイバー情報活動、攻撃的サイバー戦、防御的サイバー戦と呼ぶことにしたい。

ただし、これらの用語自体は、一般の用語としてサイバー技術を用いた攻撃のみならず情報収集まで含んで使われることが多いサイバー攻撃という言葉や普通の意味での攻撃という用語等と、サイバー戦における攻撃的な機能を示す用語を明確に区別するために、本書で便宜的に用いているものであり、今後、検討を要する。

(1) サイバー情報活動

◉サイバー情報活動とサイバー諜報

「サイバー情報活動」は、サイバー戦の機能のひとつで、いわゆる「サイバー諜報(インテリジェンス)」と同じではない。

サイバー情報活動は有事に於いて戦闘を有利にするためにサイバー技術を利用して各種情報を窃取することである。サイバー戦自体について国際法規でどう扱うかはいまだ議論の俎上にあり、したがってその一機能であるサイバー情報活動についても、国際間の取り決めはもちろんなんらかの合意もない状況である。

一方、サイバー諜報は、昔から行われている諜報活動であって特にサイバー技術を利用した場合に、それを強調する時に使う用語である。諜報活動自体は

次頁＊ 2014年の米国司法省による中国政府職員訴追事件等、米国が中国のサイバー諜報活動に関して中国を非難している。これは、この活動がこれまで国家間で認められてきた国家対国家の諜報活動ではなく、米国民間企業を対象とした中国政府機関による諜報活動という意味でフェアではないとして非難していると私は考えている。

平時から行われているものであり、主に国家の意思決定に資するために行われる。そして現代の国家間ではそれはあるものとして暗黙の了解を受けている。*

ただし、有事の際のサイバー攻撃を有利にするために行う情報収集活動というものも平時からあるわけで、** この場合、収集の対象は敵システムの諸元など有事平時同じものとなろう。その意味では、このふたつはそれほど違わないと言うこともできる。ここでもサイバーの存在により戦争と情報の境界が曖昧になっているのだ。***

◉サイバー情報活動の2区分

さて、サイバー情報活動はその目的からさらにふたつに区分することができる。ひとつは、作戦に関わるような目標システム上の情報を収集し分析すること。つまり、軍隊が行う一般的な情報活動の一環として、作戦の遂行に直接寄与するために利用できる情報を収集・分析する活動である。もうひとつは、敵のシステムそれ自体に関する各種の（主に）技術的な情報を集めることである。つまり、攻撃的サイバー戦とサイバー情報活動の実施のために必要な情報を集める活動である。

前者の情報活動は一般のネットワーク上の活動としては、ネットに流れる個

＊＊　攻撃対象に関する情報収集の手法のひとつとして、民間に公開されているSHODANの利用もあるかもしれない。これはオフィス機器や情報家電、信号機や発電所の制御機器などインターネットに接続しているいろいろな機器に対する検索システムである。SHODANについては、IPAも2014年2月に注意喚起のレポートを出している。

＊＊＊　戦争と諜報活動の境界が曖昧になっていることに関しては、自著『サイバー・インテリジェンス』に記述した。

人情報やメールの内容の収集である。サイバー情報活動の場合は、敵の部隊名や命令・報告等を含んだメールならびに部隊行動に直接間接にかかわっているデータ等の傍受ということになる。

後者は、敵の使用しているシステムに関する技術情報として、例えばシステムを構成しているサーバーのOSや使用しているソフトウェア等の種類、そのバージョンや、通信プロトコル・暗号化の方式などを調査することである。これらの技術情報がわかれば、既知の脆弱性データベース*を参照し、目標システムの弱点についての情報を得ることができる。また、技術情報ではなく敵の利用しているパスワードを入手することも、この中に含まれるであろう。

◉情報収集要領

さて、これらの各種情報を入手するための方法だが、目標システムがインターネットに繋がっていれば、ハッカー**が行うようにネットワークからシステムに侵入して情報を探る。この際に、パソコン内のデータ等、主に情報を盗み取ることを目的として作られたマルウェアの一種であるいわゆるスパイウェアやRAT***が活用されることになろう。これらのマルウェアを感染させるためには民間で大きな問題となっている標的型メール攻撃****の利用も考えられるとこ

* 軍用システムといえども汎用のソフトウェアを利用している部分は多い。そしてこのような商用システムの持つ弱点（これを脆弱性と呼ぶ）は広く研究され知られている。

** 一般的に軍事システムはインターネットに繋がっていないと言われている。しかし軍事システムにもいろいろあり、予算上の観点から後方システムなどは一般的なインターネットを利用することもある。

ろである。

また、実際にシステム内部に侵入ができなくても、インターネットの持つ機能や性質を利用することで目標システムの技術情報を得ることは可能だ。例えば、インターネット上では相手のサーバーにある特別な要求を投げた場合、サーバーの設定がきちんとできていないと自動的に返事を返すようになっていることがあり、その返事の内容から対象サーバーに関する技術的な情報を得、分析することができる。もちろん、適切な設定がなされていれば、このような情報が得られるはずはないのであるが、現実の世界ではいろいろと人間の油断やミスがあり、案外、システム関連の情報を得ることができるのである。

さらに、もし目標システムがインターネットに直接、繋がっていないとしても、そのシステムのネットワークを構成する無線系に対する電波傍受や、構成する有線に電気的あるいは光学的に接続する等、通信インフラへの物理的接続を行い、ネットワークに侵入するということは十分ありうる。なお、電波傍受そのものはサイバー戦ではなく電子戦の領域であるが、先に述べたように、これも将来はサイバー戦と統合されると思われる。

もし以上の方法でもネットワークに侵入できないとしても、内部の人間を利用した情報収集活動というのもありえるわけで、案外、サイバー戦でも、その

前頁＊＊＊　RAT（Remote Administration Tool）はパソコンなどの遠隔操作を可能とするソフトウェア。

前頁＊＊＊＊　マルウェアの付いたファイル等をメールで送ることで、狙った相手だけにマルウェアを感染させる攻撃手法。

ような人間的な弱点を利用して情報を得るということは十分に考えられる。つまり、有事であれば本隊から孤立している小部隊等が襲撃され、通信電子機材を鹵獲されたり捕虜を取られたりすることで情報を窃取されるという事態も考えておく必要があるということだ。

(2) 攻撃的サイバー戦

◉攻撃的サイバー戦の実施要領

サイバー情報収集活動により攻撃実施のための準備が整い、かつ、情報収集活動を継続することよりも攻撃を行う方がより有利となる状況であると判断された場合、攻撃的サイバー戦を実施することになる。

これによって、相対的に、我が戦力をより効果的に発揮し、かつ、敵の戦力発揮を阻害することができる。その際の、具体的な目的として以下のようなことが考えられる。

◎戦闘全般に寄与する

◎奇襲効果を上げる
◎陽動作戦の効果を上げる

これらの目的を達成するための狙いとしては、

①敵の行動に先立ち、その検討の段階で誤らせる。つまり敵の入手する情報を操作する等、敵の指揮官が間違った判断をするように導く。（完全性*への攻撃）

②適切な部隊行動を妨害する。つまり、正しい指示・命令は出ているのだが、それが必要な部隊等に正しく伝わらないように、途中でその内容を改竄するなど、敵が部隊を正しく運用できないようにする。（完全性への攻撃）

③通信を妨害したり、敵部隊のシステムを使えなくして、部隊行動を起こさせない。（可用性への攻撃）

をあげることができる。

＊　情報保証という概念があり、情報にはその完全性、可用性、機密性が担保されなければならないと説く。そこで、それらを阻害する要領がすなわち攻撃ということになる。

攻撃を具体的に行うためには、敵のシステムに侵入しなければならない。そのためには、前項の情報収集要領で述べたことの繰り返しとなるが、直接、ネットワークから入り込む要領が挙げられよう。そのために、最近、話題になっている標的型メール攻撃が利用可能だ。戦闘システムはもちろん外と繋がっているはずがない。しかし、敵のコマンド部隊が味方領域内に侵入して有線にタップしたりすることはありうるだろう。さらに、今後、デジタル無線機材が増えることに伴い、無線区間からの侵入も懸念される。例えば、ソフトウェア無線機等は、サイバー攻撃の格好のターゲットとして狙われる可能性がある。

もっと悪い想定をすれば、本隊から離れて行動している小部隊が襲撃され、強制的にパスワードを取られて、正規ユーザーとして戦闘システムに加入されるという危険もあろう。

その他に、あらかじめシステム内部のソフトウェアやハードウェアに攻撃用の何かを仕込んでおくということも考えられる。いわゆるサプライチェーン・リスクとして知られる問題だ。ただし、このようなものは、攻撃者が必要とする時期に作動しなければ意味がないので、作動のタイミングをこれらの仕掛けに教えるためには、やはり、ネットワークに接続する必要があるのではないかと思われる。

具体的なサイバー攻撃の要領としては、ソフトウェアを利用した自動化された攻撃と、ハッキングのような人間が行う攻撃のふたつがある。もちろんこれらは併用されることもあるし、その中間的なものもある。

①自動化された攻撃・マルウェアの利用

まず、自動化された攻撃としては、ウイルスやワーム等、自立型マルウェアによるものがある。敵のシステムに放たれるとその内部で自律的に行動し、感染を広げたり、目標となる特定のシステムやサーバーを探索したりし、その後、時期や指令が来るまで潜伏している。比喩的にこれらのソフトが機能を発揮することを発症というが、その具体的な機能と効果は、それぞれの製作目的により、システムダウンからデータの書き換え、情報の窃取まで千差万別である。

この攻撃の特徴だが、人間が何かを行う限り人間の反応速度という制約がある。しかし、自動化された攻撃にはそれがない。極めて高速な攻撃ができる。逆に人間では耐えられないようなゆっくりとした間隔での攻撃も可能である。

これら、軍事用のマルウェアは「サイバー兵器」と呼ばれる。その機能や性質に関しては第4章で改めて述べる。

一方、完全に自動化されてはおらず、攻撃できるように準備したのち人間の指令に基づいて行われる攻撃にＤｏＳ攻撃（Denial of Service Attack：サービス妨害攻撃）がある。これは最も単純かつ基本的なサイバー攻撃の方法のひとつである。軍事的にはシステムに対する飽和攻撃を意味する。これは目標に通信を行う際のデータのかたまりであるパケットを大量に送り込んで目標のサーバーや通信のパイプそのものに負荷をかけることで正常なサービスの提供を妨害する攻撃である。もともと、正しいパケットと不正な攻撃パケットを区別すること自体が難しく、単純にこれらの選別をすることができないため、ＤｏＳ攻撃に有効に対処することは極めて難しい。

なお、最近は、複数のパソコンからＤｏＳ攻撃を行う分散ＤｏＳ攻撃（Distributed DoS attack：ＤＤｏＳ攻撃）や、正規のサーバーからの応答信号を利用するＤＮＳリフレクション攻撃*、ＮＴＰａｍｐ攻撃**等の脅威が高まっており、対処はますます困難になってきている。

このＤｏＳ攻撃に似たような攻撃の要領に、目標の人物に対して大量の

＊　ＤＮＳサーバーに問い合わせを行う際、身元を偽装して攻撃対象のアドレスで行う。そうすると、その返答は聞いてもいない被害者のところへ行くことになる。この際、返答のパケットはかなり大きくなるので、単純に攻撃対象にパケットを投げるよりも攻撃効率が大きい。

＊＊　ＮＴＰ（Network Time Protocol）とはＰＣやサーバーなどの時刻同期に利用される通信プロトコルのことである。上記のＤＮＳリフレクション攻撃と同じく、攻撃対象のアドレスで時刻の問い合わせを行う。この場合の攻撃パケット増幅率（AMPlification）は極めて大きい。

屑メールを送りつけ、真に重要なメールを読むことを妨害して仕事上の負荷をあげるという、人間的なサービス妨害攻撃もある。

その他に、サーバーとの通信の途中でわざとやりとりを中断したり、敢えてプロトコル違反の信号を入力したりする等、想定外の通信要領を行うことでシステムの脆弱性をつきサーバーをハングさせてサービスの提供を妨害するという手法もある。

②人間が行う攻撃・ハッキング

次に人間が行う攻撃であるが、これは、いわゆるハッキングである。敵システムへの偵察及び侵入と、その後の行動として、プログラムの書き換えやすり替え、あるいは、命令や情報資料、兵站関連データ等の盗み出し、事後のシステムダウンや物理的破壊のための準備等が考えられる。

もっと単純に、敵の兵站システムに侵入し、燃料や弾薬の必要量や交付先等のデータを間違ったものに書き換えてしまうだけでも現場では大混乱が起こるに違いない。考え方によっては、これは最も恐るべきサイバー攻撃であると言える。ソフトに関してはバックアップを取っておいたり、ハッシュ*を取っておく等して、それが不正なものに改変されていないこと

＊　コンピューター上の文字列に一方向性の暗号をかけて、その結果を保存しておくことで、後で、元の文字列が改竄されていないことを担保するための仕組み。

を確認したりする仕組みは現在でもある。しかし、ネットを流れてくるデータやデータベースに保存されていたデータの真正性はどうやって確認されるのだろうか。認証や回線の秘匿等、暗号技術が利用できるとも思えるが、現状、十分であるとは言い難く、この分野の研究はもっと必要であろう。

さらに、敵システムの管理データなどを書き換えるということも想定できる。パッチのふりをしてOS自体に穴を開けたり、アンチウイルスソフトのパターンファイルのふりをしてウイルスを侵入させたりできるはずだ。さらにルーターの持つルーティングテーブルやDNSに関する情報を誤ったものにしてしまうということも考えられる。そのほか、ハード内部の書き換え可能な領域であるファームウェアのバージョンアップを装ったポイズニング*ということも考えることができる。

いずれにせよ、人間が行う攻撃は、味方に「なりすます」など、自動化プログラムではできないような臨機応変の活動ができるわけだ。

◉いつ攻撃を行うのか

攻撃の効果を最大限に発揮させるために、いつ、個々の具体的な攻撃要領を

＊ ファームウェアはハードの中のソフト的な部分として後からも修正できるので、これを意図的に悪いものに書き換えるという攻撃が懸念されている。

発動するかも重要である。ここでは、戦争や紛争の時間軸と対比させて考察を行う。

①平時

この時期は、国際関係において利益相反はあるものの、衝突が生じているわけでもなく、外交や経済活動も通常の規範の下で行われている時期である。

実際に開戦状態には至っていないので、サイバー攻撃を仕掛けることは、国際法の観点からも違法と言える。しかしながら、ハクティビスト*などの民間人に偽装して活動することにより、事前に敵の脆弱性を偵察することは可能である。また、来たるべき日に発動するような論理爆弾などを製品やソフトウェアにセットすることも可能である。そのひとつはキルスイッチと呼ばれ半導体素子の内部に仕込まれると言われている。これについては後述する。

これらの攻撃のデメリットは、相手の調査によりそれらの仕掛けが発見されて犯罪が暴露されることにより、国際社会において非難を受ける危険性があることである。もちろん相手による脆弱性対策により、仕掛けられ

＊ 政治的な主張・意思表示や政治目的の達成を第一義としてハッキングを行う者のこと。

た論理爆弾が無効化される時間的な余裕も十分にある。

②戦争・紛争の開始直前

この時期は、緊張が高まり紛争が不可避となって、お互いが戦争もしくは紛争の準備を行っている時期である。

この時期に行う攻撃としては、戦備に関わる情報の改竄などにより、敵の戦争準備の混乱や遅延を生じさせることが可能である。また、プロパガンダや世論操作などにより、敵の戦意発揚を低下させるのも有効な攻撃と言える。さらに、平時以上に論理爆弾の設置などが盛んになることとなる。これらの活動は、軍などの国家が主導して行うこともあるだろうが、サイバー民兵[*]やハクティビストなどの動員なども想定される。

この時期の活動は、すでに国際的にも危機的な状態であることが認知されているものの、戦争回避のための努力が呼びかけられている時期でもあり、一部の戦術的な攻撃については黙認されるものの、戦略的な目標に対する攻撃の実施については、それがあきらかになった場合、国際的な非難をうけるリスクがある。

＊　正規の軍人ではない民間人をサイバー戦用の軍事要員として編成した組織のこと。

③戦争・紛争期間

この時期は、物理的にも紛争状態となっており、公然とサイバー攻撃が可能となる期間であると想定される。

すでに設置されている論理爆弾の発動もなされているだけでなく、戦略的な目標や戦術的な目標、作戦・戦闘に関わるさまざまな情報システムに対して攻撃が行われている。

このような時期において攻撃の効果を高めるには、奇襲と衝撃力の持続が必要である。そのためには、敵の想定していない時期、場所や手法により攻撃を行う。

攻撃を受けた側は、攻撃元のＩＰアドレスを特定し、そのアドレスからの通信パケットを遮断するであろう。しかし、仮に特定のアドレスからのアクセスを遮断したとしても、第三国などを経由しての攻撃の継続は可能である。

さらに、敵にとっての在外居留者を動員しての内側からの攻撃となれば、その遮断は非現実的なものとなり、防御するのは困難なものとなる。あたかも、核ミサイルを潜水艦に乗せて、海洋を遊弋させることで残存性を高めるように、在外居留者を組織化し、いつでもサイバー攻撃ができる体制を構築することは、サイバー空間上の攻撃力の持続性と、残存性を高めていると言える。

◉攻撃はソフトウェアからだけではない

さて、このようないかにもサイバー的つまりソフトウェアを利用した攻撃だけがサイバー戦であると考えるのは早計である。そこには、物理的なものもありえるからだ。例えば、兵器やシステム内部の構成部品や装置のすり替えということも予想される。これは機材の保守点検の際に行えば可能であろう。場合によっては長期的な観点から平時のうちにチップ等の電子部品等、一般的な製品にすでに何かを仕掛けておくということも考えられる。電子部品になんらかの特別な信号が入ると部品が壊れてしまうような特別な仕掛けを「キルスイッチ」と呼ぶ。

このようなハードウェアレベルの攻撃はやっかいである。いくらソフトウェアレベルでの安全性を確認しても、その下のハードウェアがそれ以前に敵の手に落ちているとなればソフト的には防ぎようがないからだ。

ちなみに、このような危険性に関しては、米国が極めて敏感である。後述するように、米国では機微なシステムでは中国製のパソコンは使わないとか、中国製のルーターは一切閉め出す等の措置を取っているところである。しかし、「そういうことを心配する者こそ、実は、そんなことを実行しているのだ」という冗談を実証するかのように、先頃、スノーデン事件*に関する本、『暴露』[5]には、NSAの職員が米国製ルーターの箱に何か細工をしているらしき写真が掲載されていた。

一方、中国では、すでにこのようなハード上の信頼性を担保するための仕組みを作ったらしい。人民解放軍には、そのセキュリティ機能を保護するために、使用するすべての機密保護製品を認証するための部署があるとのことである[6]。そこで先ほどの冗談をもう一度、繰り返したい。「何かを心配している奴に限って、自分がそれをやっているのだ」

以上述べたように、ハードレベルの仕掛けが製品や部品に対して事前に行われている可能性があり、これは「サプライチェーン・リスク」と呼ばれている。

2014年7月のオーストラリアン・ファイナンシャル・レヴュー紙の報道によれば世界最大のパソコン企業である中国レノボ（Lenovo）社の製品に、ユーザーの情報にアクセスできる工作が施されているとして、オーストラリアや米国、英国、カナダ、ニュージーランドの5か国の情報機関で使用が禁止されていたことが分かった。同報道によれば、英・豪複数の情報機関と国防機関

＊　米国によるインターネット利用の情報収集活動を米中央情報局（CIA）の元職員であったエドワード・スノーデンが暴露した事件（2013年）。米国家安全保障局（NSA）は、アップルやグーグル、フェイスブック、マイクロソフトなど米国の大手IT企業が提供するネットワークサービスのサーバーに直接アクセスして、電子メールやチャット、動画、写真、音声通話、ファイル転送などのデータを直接収集しているという。

からの情報として、レノボ製のパソコンを、これらの国の「機密ネットワーク」に使うことを禁じる通達が存在すると伝えた。禁止令は2000年代の半ばに出されたという。

この通達は、英国情報機関の研究室が主導した調査研究に基づいている。研究者らは、レノボ製パソコンのチップにバックドア（裏口）が最初から仕込まれており、外部からの操作でパソコン内のデータにアクセスできるようになっていることを発見したという。

というようなわけで、報道が出た時点ではそのような「しかけ」がレノボのパソコンに実際にあった可能性は否定できない。ただし、その具体的な証拠があるとしても、その内容自体は公表されていない。一般に、このような情報は公開されない。細部を公表することは、どこまで判明したか敵に教えることになるからだ。

次に、前記の情報が事実だとして、現状どうなっているかということだが、この件自体が、レノボ、あるいはレノボを利用した者（可能性の中にはレノボ自体は無実であるということも考察の範囲内でなければならない）に対する警告となっており、「現時点の最新の機材にはそのような、調べればすぐにわかるようなバックドアあるいはキルスイッチが事前に入っており、それが普通に販売されている可能性は低い」というのが、私の見解だ。

　チップの論理回路にそのような回路を付け加えたものを製作するには多額の費用がかかる。一方、同じことを先ほど述べたファームウェアの書き換えという攻撃要領で実行可能であるならば、敵は発見されるリスクを冒さず、そちらを行うのではないかと考えるからだ。そもそも、調べればすぐにばれるような嘘をつく国家組織はないはずだ。もし逃れようのない物理的な証拠を握られれば、その国の製造会社の信用を大きく損なうことになるだろう。

　それでも、「国家レベルの情報を扱う機関」では、大事を取って、レノボの使用を控えているというのが現状なのであろう。

◉心理戦の一環としての攻撃

　戦闘行為に直接は影響しなくても、心理戦や謀略、宣伝活動等の分野でサイバー技術の利用が可能である。これは先に述べた情報戦争の一部として見ることもできるが、ここでは戦闘の一部として考えてみる。

　現実の話になるが、我々が何かを調べたい場合に、それをネットで検索することは普通に行っている。それに対して多くのホームページ等のリストが表示される。ここで問題がある。普通の人は提示されたさまざまな結果のうち、一番上のものしか見ない。もし検索結果を提供している組織が、その検索結果に対して意図的になんらかのバイアスをかけていたらどうなるだろうか。彼らにとって都合の良い方向へ人々の心理を導くことができることになる。

すでに検索会社にリベートを提供することや、検索の仕組みの裏をかくことで、この種の無料の検索サービスにおいて自社の製品を有利に取り扱ってもらうことを可能にするという商売が存在しているという噂もある。これが近所の美味しい料理店を探す程度であればまだ良いが、調べ物が歴史であったり社会問題であったりすれば、人々の意識の方向を少しずつある方向へ誘導することができるかもしれない。

つまり、高度な心理戦・謀略、宣伝活動として、外交問題や歴史問題を検索すると、ほんの少しある国にとって有利にバイアスがかかった記事が検索結果として表示されるようにしておくということも考えることができるわけだ。

その他にも、ツイッターなどのつぶやきに、ある意図をもったものを増やす等、世論を誘導するようなことが現実に行われている可能性もある。実は、中国において、警察組織が世論誘導を行うための教育を実施している等の報道があるのだ。[7]

そして、この手法は実際の戦争中にも利用可能だ。湾岸戦争ではこんなエピソードがあった。[8] イラク軍の指揮官たちが、軍のメールシステムで米軍から投降するように勧告されたというのだ。これには表面に出ている以上の意味がある。つまり、自分たちのメールシステムに侵入されるということは、すでに軍のシステム自体も侵入されてやられているだろうということを意味するのだ。そのような状態で戦闘をしても勝てるはずがない。頭が良い指揮官であればあるほど、この米軍からのメールの持つ「真の意味」に気がつき、戦闘意欲を喪失するであろう。こうなれば、これはサイバー心理攻撃とでも呼べるものかもしれない。

◉研究の必要性

以上、攻撃的サイバー戦に関し記述してきたが、これらの活動に利用される技術は現在の日本では非合法のものばかりであるので基本的に民間の技術はあてにできない。よって、今後は日本もこのような研究が可能となるように法改正を行い、官が積極的に研究を主導していかねばならないであろう。

いずれにせよ、軍事的組織では、サイバー攻撃に関する普段からの研究は、防護要領の研究のためにも必要不可欠である。

(3) 防御的サイバー戦

◉サイバー防御の概要

サイバー上の防御*には、大きくふたつある。DoS攻撃のようにシステム内部に侵入することなく、あからさまにシステムに負荷をかけてくるものへの備えと、まず侵入しその後、情報の奪取やウイルスの侵入を図ったりするものへの備えだ。基本的に前者の攻撃に対しては、システムの性能アップや迂回路の構成で対応するので、ここでは後者の攻撃に対する防御を主体に記述する。

防御に関する実施段階は次のようになると考えられる。まず攻撃に対する予防とその検知、ついで対処である。

◉予防について

予防の要訣は、システムを強くして攻撃に簡単にやられないように、仮にやられても損害が少ないように、そして事後の復旧が早くなるようにしておくことだ。具体的には、システムの技術的脆弱性をなくし安全なものにすること及び人的な要因を含め運営組織全体を健全な状態に保つことで成り立つ。それに

＊　防御であるが、軍事的には以下の場合に実施する。すなわち、①時間の余裕の獲得、②攻撃の要となる地域の確保、③敵の戦闘力の減殺である。しかし、サイバー防御では、これらのうち実施可能なものは、基本的に②のみである。①や③には、事後の反撃ということが暗黙のうちに入っているからである。また、防御を達成するための攻撃という概念もこれからである。

は、利用しているハードウェアの信頼性を担保すること[*]、ソフトをつねに最新のバージョンに更新してバグや脆弱性のない状態にすること、人間の健康診断に相当する「システム監査」を行い問題の早期発見に努めることである。さらに、保全に関する規則の確立と徹底、関係者に対する普段の訓練[**]と意識を上げるための教育などを行うことも重要である。

運営中の着意事項としては、他部門で攻撃が発見された場合やサイバーに限らず全般的に危機的状況であるなど警戒レベルが上がったならば、システムのバックアップや異常の有無の確認であるフルスキャンの実施頻度を上げるというような処置・対応を行うことだ。

また、敵によるこちらのシステムに対する調査活動を妨害、阻止することは重要である。こちらのシステムの脆弱性がわからなければ、敵は侵入の糸口の発見や効果的なマルウェアの作成等を行うことができないからだ。軍事的には主陣地の前に援護部隊を配置したり前進陣地を設けたりして、敵による主陣地の解明を妨害するというのがあるが、それに相当する措置がサイバー上の防衛についても考えられよう。

さらに、真に強いシステムである必要があるならば、システムを三重化しそれらのサブシステムの構成要素をソフトもハードもそれぞれ別のものにしてお

＊　例えば、キルスイッチを発見するために、ありとあらゆる入力を試してみるという手法もある。

＊＊　最近、標的型メール攻撃の脅威に備えるために、ダミーのウイルス付きメールをわざと社員等に送り、それをうっかり開いた場合に注意喚起するという訓練が行われている。

き、多数決判定で出力の正解とするというアイデアも考えられる。ある特定のOSや電子部品で発症するウイルス等は他のサブシステムでは発症しないはずなので、これらのシステム間で多数決判定を行えば、仮にひとつのサブシステムが機能停止や誤動作をしても、全体システムは正しい出力が出せることになるからだ。

データ保護の観点からは、一部のミッションクリティカルなシステムでは常識化している二極又は三極の分散化されたデータベースにしておくこともシステムを強くするために効果的であろう。データの喪失を避けるために、それを数千のデータセンターに重複分散収納することも、今後、実用的な速度で可能になるかもしれない。この考え方の未完成で不幸なチャレンジ例にウイニーがある。[*]これは以前、その不法な利用のために問題になってしまい、また発明者も亡くなったために、その後の研究があまり進んでいないように思う。

その他に、攻撃者の偵察や侵入後の活動を困難にするためにシステム構成を迷路化（セグメント化、ゾーン分割等）しておくことが推奨されているが、時間がたつとその構成が変化していくというようなものも考えられるかもしれない。[**]例えば30分毎に、なにかしらシステムに修正・変更があると、これは攻撃に対して強いだろう。しかし、これではシステム障害が多くなる可能性も否定

＊　ウイニーでは、データはばらばらにされた上で暗号化されて多数のウイニー利用ユーザーのパソコン上に分散されて保存される。そのため、ウイニーネットワークを構成する一部のパソコンがネットから失われても、全体としてデータが失われることがない。ただ、呼び出してからデータが集められて利用可能になるまでに時間を要するという問題点はあった。

＊＊　核攻撃が予想されていた時代の軍隊の防御方法のひとつに、部隊はつねに移動するというものがあった。サイバー戦でも、これに似た考え方ができるのではないだろうか。

できない。それでは1ヶ月に一度程度ならどうだろうか。現在は、そんなことをしたらシステム中断やらデータのリロードのために大混乱を招く恐れがあり実施は極めて困難だが、先に述べたウイニーが安全に進化した例を含め、将来はなんらかの技術突破があり、こういうことも可能になるかもしれない。

これらの予防に関する着意を列挙しておく。

◎自らのソフト、ハードの脆弱性の発見と除去
◎人的ミスの低減・根絶と対策
◎攻撃用ソフトウェア対策
◎システム監査・監視*
◎IDS（Intrusion Detection System：自動侵入検知システム）の更新
◎SOC（セキュリティオペレーションセンター）の運営
◎システム過負荷時の対応準備
◎24時間のシステム運用継続（並列化）のための工夫
◎システムダウンからのゼロタイム回復の準備
◎バックアップシステム

* 本来は別概念だが、最近、監査・監視（audit and monitoring）は、ひとつのソフトウェアで実現されることが多くなっている。監視の結果は「報告・警報」され、監査の結果は「監査証跡」としてフォレンジック対応の記録が残される。

◉検知について

次に検知であるが、民間でも使われているようなアンチウイルスソフトやＩＤＳ等の侵入検知用専用ソフト／機材／システムを防護*対象システムに導入し、常時、不審なパケットの出入りの有無やＰＣ、サーバー等の状態を監視する。

ＩＤＳのような機材はシステム上のいろいろな状況を収集、分析、統合して、異常を発見すると監視員に対して警告を発することができる。ただ、これらの機材は誤検知をすることもあるし、そもそも、攻撃者はそれらの機材の働きを分析した上で攻撃してくると考えられるので、これらの機材だけで攻撃をすべて検知できるとは言えない。機材等が検知した結果からそれが真の異常かどうか判断し、敵の侵入を検知することができる監視員はやはり必要かつ重要である。

ここで、この監視員つまり人間の関与する割合はできるだけ減らさなければならない。単に人件費の問題ではなく、敵が自動化した攻撃を行っている時、それに対応する「人間の時間」はやはり「機械の時間」より遅く、そこに付け込まれる可能性があるからだ。したがって将来、いわゆるビッグデータや機械

＊ 守ることを意味する言葉に、防衛、防御、防護などがある。これらの言葉は順に高いレベルから低いレベルに並んでおり、防護と言えば、直接守るという意味合いが強い。

学習等の技術が進めば、人間の行う判断をある程度、機械に任せるようになるだろうし、そうでなければならない。

　機械学習とは、人間がやり方を教えるこれまでのプログラム作成要領と異なり、機械自身にやり方を見つけさせる手法である。今後、コンピューターの能力が進むことで、人間の負荷を軽減するという意味で期待されている。

　さらに、この技術が活用されれば、敵による実際の攻撃の前のテストや偵察活動の段階で、その予兆を発見できるようになるであろう。そのためには人工知能の利用が行われるようになると思われる。もっとも攻撃側も同様に人工知能を利用できるわけであるから、むしろ、人工知能の利用は双方にとって危険な方向に行きそうである。この議論は第4章で再度述べたい。

◉対処について

　対処としては、侵入を阻止する仕組みであるファイヤーウォールの利用等、民間で行われているようなさまざまな技術やその製品が参考になる。

　対処の基本は、まずシステム内部へ侵入させないことである。しかし、現状、民間レベルの製品では100%の侵入阻止はできない。したがって、防御を突破されシステム内部への侵入を許したとしても、被害を局小化し簡単にはシステム全体に被害が広がらないような仕組みが必要である。* このためには、例えば、攻撃を受け感染した部分を迅速に切り離して被害が他の部門に波及しないようにする仕組みや、損害を受けた機能を迅速に補償できる予備のシステムを用意しておくことである。

また、軍事的には誘致導入による敵の撃破という防御要領がある。サイバーでも似たような考えがあり、民間ではこれをハニーポットと呼んでいる。侵入者が喜びそうな囮のシステムを用意しておき、そこに入ってきた攻撃者の活動を観察して事後の対処に役立てるというものだ。**

さらに最近ではアクティブディフェンスという概念も提唱されている。本来、軍事的には機動防御の一種で、つねに移動しながら敵との間合いを自分に有利に保ちつつ攻撃者を暫時、減殺していく防御要領だが、サイバー防衛技術でも似たような発想で防御が考えられており、アクティブ・サイバーディフェンス（ACD：Active Cyber Defense）が言われている。そしてこの防御を実現するための具体的な手段として人工知能の利用が提言されている。

加えて今後は、現在の社会では非合法な防御方式、すなわち攻撃元に対する反撃も検討すべきではないか。簡単に言えば、攻撃ルートを遡って行き、*** 見つけた攻撃元サーバーを、例えばＤｏＳ攻撃を行って落としてしまうのである。

* これらはダメージコントロールと呼ばれ、軍隊ではなじみの概念だ。

** あるシステムの全体もしくは一部をコピーして囮のシステムを作り、そこで敵を待ち構えるという製品もすでにある。通常、囮システムへは正規ユーザーは来ないはずなので、このシステムのアドレスに来るということ自体、侵入者であることになる。

この手法が日本では成立するかどうかは法的な考察が必要である。この問題については第5章で取り上げる。

なお、一部のＤｏＳ攻撃のような侵入することなく、システムに負荷をかけるなどしてその機能を阻害しようとする攻撃に対しては、コンピューターを多数用意したり、それらの性能を向上させてシステム処理が飽和しないようにしたり、ネットワークを構成する回線の通信容量を大きくしたり、迂回路を形成したりすることで、システム全体の対処能力を上げれば、ある程度、対応は可能である。ただし、それにかかる経費も馬鹿にならない。勿論、サーバーなどの脆弱性を突いてくるタイプのＤｏＳ攻撃に対してはパッチを当てるなどそれなりの対応が必要であろう。

◉復旧

復旧の仕組みも重要である。敵は戦闘の最初にサイバー攻撃を仕掛けてきて、こちらのシステムの混乱を図るであろう。それを完全に防護することはできないとしても、いかにして、その混乱から立ち直り部隊が行動できるようにするか。このためには、システムの復旧時間をできる限り短くすることが必要である。そのため、例えば、システムを二重化しておき、ひとつをネットから

前頁＊＊＊　前の著書（第5の戦場）でも書いたトレースバックという仕組みである。他にも盗まれることを前提でデータにインターネット上の発信機能を付けておくという手も考えられる。これはビーコンと呼ばれている。

切り離した状態でスタンバイさせておくことや、データのバックアップの持ち方の研究が必要となろう。

◉そのほかの留意事項

米国では、マフィアがビザやマスターカード等の金融関係会社のシステム管理者の家族を誘拐して脅し、ＩＤ、パスワード等、さらにはもっと機微なシステムに関する情報を入手する恐れがあるということが実際問題として想定されている。そのため、これらのシステム管理者やその家族には専門の警護がつけられているという。

有事に将兵が敵の捕虜になったり装備品が敵の手に落ちたりする危険性は、軍事的なシステムでは当然織り込み済みでなければならない。つまり、サイバー戦について考察する際には、技術的な事項だけを検討するだけでは不十分で、関連する人間的、物理的脅威等まで想定しておく必要があるということである。

このことは「一般の民間技術を使うと、それはすでに公開されておりよく知られているから危ないので、軍独自の世間では知られていない独自プロトコルを利用すれば安心だ」という考え方は単純すぎて危険であるということにも繋がる。いくら独自規格であっても、敵の手に必ず渡り、遅かれ早かれ解析されるということだ。*

ただ、こういうことは言えるだろう。比較的安く手に入る民間の一般技術は広く公開されているので、世界中の大勢の研究者たちが弱点はないかと調べている。もし問題が見つかれば、それは発表されて修正されるので、普通に使われているものならば、かなりの安心感がある。**

一方、特注品であるために値段も高い独自仕様の技術は、非公開であるために第三者的な研究者たちによって十分には研究／解析されておらず、内在するバグや脆弱性等が見落とされて残ったままになっている可能性は否定できない。しかし、もちろん敵にとってはその仕組みは未知であるので、仮に敵の手に渡ったとしても解析に時間がかかり、その分、安全だと考えることもできる。

そこで、結果としてたまたまそうなったというのではなく、必要とされる防護強度とかかる費用とを考察、按配し、これらふたつの考え方を上手くハイブリッド化して全体システムを構成するという考えはありうるかも知れない。

* もちろん、すこしでも敵に解析されにくいように、ソフトは難読化しハードは開けたら壊れるというたぐいの実装は考えておくべきだろう。

** とはいうものの、もしそのようなソフトウェアの脆弱性を見つけても、それを発表しない人もいるだろうということは言えるのだが。

◉防護におけるポイント

最後に、サイバー防護におけるポイントを列挙しておきたい。これまで述べてきたように、防御には本質的な不利点があることは否めない。それでも具体的な防護要領として着意すべき点がないわけではない。

①システム特性の利用　→攻撃者は対象のシステムについて最初はよくわからない。しかし、防護側は自らのシステムである。その特性について十分に研究し防護要領を開発する余裕があることを忘れてはならない。

②センサーの活用　→どこもかしこも守らなければならないという不利な点を克服するには、センサーを活用することが重要である。

③防護組織間の相互支援　→情報の共有や、いざという場合のセキュリティ人材の協力まで、あらゆる面で防護側は協力すべきである。

④あらゆるパスを封じる　→システム上の外部との連接部には警戒のための装置を入れるとともに、人間的な穴も塞ぐことに留意する。

⑤防護装置を多段に配置　→システム防護は縦深をもって構築し、ひとつの穴が全体の崩壊にならないように多段に防護の措置を用意する。*

⑥柔軟性を持つ　→たったひとつのソリューションに依存するのではなく、複数の防護手段を持ち、柔軟に攻撃に対応する。合わせて、たとえ、攻撃によりシステムがダウンしてもそれが全体の機能停止に陥らない**ような設

＊　民間では Defence in Depth の訳語として「多層防御」という言葉が用いられるが、厳密には少し違う。Defence in Depth はタマネギの皮をむくように多層で守るというより、あらゆる地域で防衛のための活動をするという意味である。対ゲリラ防御を考えれば理解できよう。この脅威は外から順次侵入してくるのではなく、内側にいきなり現れるのだ。

計をしておく。

⑦主導的な防護体制　↓ハニーポットの構築など、攻撃を見据え、主導的な防護体制を構築する。可能であれば反撃も視野に入れたシステム設計が望ましい。

サイバー防御は極めて難しい。その際の意識として、当事者はまず自らを自分で守るという心構えが必要であろう。サイバー防護専門組織はいつでもどこでも誰でも助けに行けるわけではない。現実には、彼らは高度な技術を持ってそれらの現場をそれぞれ支援するというものにならざるをえないのである。

3　サイバー戦の特徴

インターネットの特徴は、情報の送受において実際の物理的な位置関係や距離が関係ないこと、もともと発信元をあきらかにする仕組みがないために攻撃者が身元を秘匿できること等である。したがって、民間のネットの世界では攻

前頁＊＊　このようなサイバー攻撃を受けてもただちに全面的な機能停止にならず、若干の性能低下はあってもシステムの運用を続けられるようにすることをデグレーション運用という。なお、実際の組織運用にあっては、万一、システムが全面的に停止しても組織の運用自体は継続できるように準備をしておく必要があろう。

撃側、つまり犯罪者側が有利で数多くのサイバー犯罪が行われ、それへの対応が後手に回っている訳である。

では、軍事的にはどうであろうか。やはり攻撃側が有利である。

(1)　秘匿性

まず、巧妙なサイバー攻撃は、攻撃していることとそれ自体を上手く隠すことができよう。「問題が発生している。それは故障なのか、それとも実際に攻撃されているのか?」これがわからない場合がある。いや、それどころか攻撃者はそのようなタイプの攻撃を仕掛けてくる可能性が高いと見るべきであろう。はっきりした攻撃であれば、防御側はそれに対応すればすむが、攻撃されていることと自体が分からなければ、被害が大きくなり誰の目にもあきらかになるまでは継続的にそれが続くわけで、場合によってはその方が攻撃者にとって良いかもしれないからだ。攻撃されていることに気がつかなければ対処のしようもない。発見されるまで攻撃者の意図を達成する数々の活動がなされることになる。

また、どこから、誰から攻撃されているか、いつから、また、どこを攻撃されているか、あるいはどのように攻撃されているか等も極めてわかりにくい。このようにサイバー戦には「秘匿性」＊があり、それは攻撃側優位に働く。

＊　これは防衛省の文書「防衛省・自衛隊によるサイバー空間の安定的・効果的な利用に向けて」（平成24年９月）では「匿名性」として説明されている。ちなみに、この文書では、サイバー攻撃の特性は、①多様性、②匿名性、③隠密性、④攻撃側の優位性、⑤抑止の困難性となっている。

(2)　非対称性

次に、仮に攻撃をされていることや攻撃者等がはっきりわかっている場合であってもやはり圧倒的に攻撃側が有利である。

この説明をするために、まずリアルな戦争について見てみよう。

ベトナム戦争において、国力の劣る北ベトナムが米国のワシントンＤＣを攻撃してそれを占領する等、考えもつかなかったであろう。しかし、それでも米国の攻撃に耐えて抵抗を続けていれば、損害はベトナム軍だけではなく米軍にも発生する。やがて攻撃している米軍の損害は蓄積され、また兵は疲弊して、それ以上攻撃が続けられない状態が来ることになる。実際そうなった。これはこれまでの日本の防衛方針に関しても同じである。自衛隊が敵の国を直接、攻撃しないとしても、頑強に戦い抜けば、やがて侵略者の損害が彼らの耐えられる限度を超えて攻撃は止まる。そのように考えられてきたわけだ。

つまり、これまでのリアルな戦いでは、守りに徹し敵の攻撃に屈しないで戦い続ければ、いずれ攻撃側の弾薬や燃料などの資源の限界も来るし防御側からの反撃による損害も積もっていって、やがてそれらに耐えられなくなる。言い換えれば、守っていればやがて勝ち目が見えてくる。このように防御側にはそれなりの利点がある。

しかし、サイバー戦では様相が異なる。防御側はどんなにうまく守っていても必ずどこかに弱点があり、対応するためにはシステムの改修や機器の追加など資源投入が必要となり経済的な疲弊も避けられない。さらに、攻撃それ自体により、なにがしかの損害を受けるだろう。そしてそれらは累積していく。

一方、攻撃側は、仮に攻撃に失敗しても損害はない。失敗したら、また別の攻め口を見つけて攻撃を続けるだけだ。そこには新たな資源の投入はほとんど必要がなく、相手の脆弱性を見つけて攻撃するための執念とアイデアがあれば十分なのである。

つまり、サイバー戦の場合、累積する損害に耐えられなくなるのは防御側なのである。すなわち、サイバー戦における防御の問題は、「守っているだけでは勝てない」のではなく、「守っているだけだと必ず負ける！」ということとなのだ。サイバー戦にはこのような非対称性が存在する。

非対称性は単純なソフトウェア作成に関しても言える。例えば、パソコン用のアンチウイルスソフトは１０００万行程度の大きさのプログラムを作る必要があるが、一方で、攻撃側についていえば、強力なウイルスでもわずか１００行そこらでできているケースもあるからである。労力が攻撃側有利なのだ。

あるいは、マルウェアの解析は、攻撃者を発見したり将来の対策を考えたりするために重要だが、これに関しても攻撃者は自分の作成したマルウェアが解析されにくくするために難読化や暗号を利用することができる。その一方で、対する解析者はどうしても人力でやらざるを得ない部分があるだけ不利である。つまり、この場合も、防護のために使われる労力よりも、攻撃のための労力の方があきらかに少なくてすむのだ。

さらに、実際の攻撃においてもこの攻撃側がいわば機械の時間で、防御側が人間の時間であるという非対称性がある。つまり、人間が防御システムの操作を行う限り、そこには人間の反応速度という制約がある。しかし、自動化された攻撃にはそれがない。逆に人間ではできないようなゆっくりした攻撃も可能である。立て続けに攻撃を行うと監視側がこれは変だと気がつくだろうが、一連の攻撃動作を数時間以上かけてゆっくりと行うような要領でも成立するなら、人間の感覚では、遅すぎて見つけられないだろう。

費用などから言えば、サイバー戦では、優れた知性と創造性をもったハッカーが考え出した攻撃方法は、凡人が平時に考案し作り上げた防御を出し抜ける可能性が高い。特に事前に相手の防御の仕組みを研究できれば、これは間違いなく突破される。そして、このような優秀なハッカーは平時から選抜し教育しておくことが可能であるが、その教育費用は爆弾を作るような工業プラントの構築等に比べれば微々たるものといえる。とすれば、経済的に困窮し、技術が遅れている国であったとしても、サイバー戦要員の育成への取り組みは比較的容易であり、その費用対効果は高いと言える。

他にも、

①攻撃者は弱い一点を見つけて攻撃すればよいが、防御側はあれもこれもどこも守らねばならない。
②防御側は非合法な手段を使って守ることはできないが、攻撃側はやりたい放題である。
③防御側の連携は困難。
④攻撃側はつねに後出しじゃんけんが可能。

⑤攻撃側は無責任な人々を援軍、あるいは、目くらましとして利用できる。
⑥国家によってなされる攻撃対民間企業の戦いでは、そもそもリソースに差がありすぎる。

このようにサイバー戦はいろいろな面で非対称な戦いである。これは歴史上、初めてのことではないだろうか。似たような非対称な戦い方にゲリラ戦*やテロがあったがサイバー戦は究極の非対称戦と言えるかもしれない。

(3) そのほかの特性

攻撃者は、攻撃する時期と場所を自由に選ぶことが可能である。これは通常の戦争でも言えることであるが、サイバーの場合はさらに強調してよい。単純に言っても守る方はシステムのみならず関係するあらゆることに気配りし守らねばならない。それでも一か所、弱いところが破られれば、おしまいだ。

時間についても、いつだけではなく、発見されるまで長期にわたり継続的な活動をすることもできるし、短時間攻撃した後、ただちに自分の痕跡を消して

＊　ゲリラ戦の戦い方のひとつに「聖域（敵が政治上の理由などにより侵入できない地域）」を持つというのがあった。サイバー戦でも中立国、あるいはゲリラに好意的な国のサーバーを利用すること等はこれに相当するのかもしれない。さらに、政治的な思惑から、そのような国が意図的に自国のサーバーが踏み台になっていることを黙認するということもありうるだろう。さらにヴァーチャルな考えをすれば、そのような物理的な存在ではなく、通信事業者法こそが聖域であるという皮肉な現状も考えられるかもしれない。

しまうことも可能である。ピンポイントで目標を狙い打つことも、広域に大きな混乱を引き起こすような攻撃をすることも可能である。すなわちサイバー戦では、これまでのレガシーな戦い方と異なり自由自在に敵を柔軟に攻撃できる可能性がある。

さらに、サイバー戦では「先手必勝」であるともいえる。先に攻撃すれば、それにより相手のシステムの反撃能力を奪ってしまえる可能性があるからだ。先制奇襲攻撃で敵のシステムを落としてしまい、その活動を封じてしまえれば、事後、「サイバー優勢」とでもいうべき状況を作為できよう。これは現代の航空戦で緒戦に敵の飛行場を攻撃して制空権を取ってしまうやり方に似ている。

この問題をさらに難しくしていることに反撃時間がある。冷戦時代の核戦略理論での前提のひとつに、大陸間弾道弾の発射検知から反撃の決心までの時間が極めて短いというものがあった。早期警戒衛星が敵のミサイル発射を検知して、それが飛来し着弾するまでに約30分。その間に攻撃を受けている側は攻撃の警報や攻撃それ自体が間違いである可能性もある中で、反撃のための核ミサイルを発射するかどうかの厳しい決断を下す必要があった。間違った決断をすれば人類は終わってしまうからだ。これはいくつもの映画のテーマにもなっている。*

ここで、ある国による全面的、決定的なサイバー攻撃（仮に全面サイバー戦争と呼ぼう）がなされた場合、仮にその攻撃を検知したとしてもおそらく反撃を決心するような時間は全くないであろう。何かをしようと考えた時には、システムはすべて使用不能になっており、手の打ちようがなくなっているはずだからだ。これは新たな戦略上の問題を提起することになるだろう。

ところで、このような「攻撃側が圧倒的に有利であるために将来戦の様相が大きく変わるであろう」という議論と同じような考えを述べた人が昔いた。イタリアのドゥーエである。[9] 彼の理論の前提である、「航空機からの攻撃を防御することは不可能である」[10] は誤っていたことが今ではわかっているが、では、サイバー戦ではどうなのだろうか。サイバー攻撃を１００％防御することはやはり不可能だと私は思うのだが。今後の研究が待たれるところである。

では、サイバー戦に防御は全く不利なのだろうか。防御ならではの利点もあげることができる。

①自ら選定した場所で待ち受けることができる

②システム構成全般に関する知識を利用可能

＊　例えば１９６４年の米国映画「博士の異常な愛情　または私は如何にして心配するのを止めて水爆を愛するようになったか」や１９８３年の「ウォーゲーム」が有名である。

③事前に防護のためのシステムを準備可能

とはいうものの、攻撃者はいつ、どこから、どのように、を選べる（攻撃の本質的優位性）わけであり、一方、防御側は、守るべきところが多く、防護機能は分散し、受動に陥りやすいという弱点はそのままである。

---

1 "INFORMATION OPERATIONS" Department of the Army, Field Manual No. 100-6,27 August 1996

2 Joint Publication 3-12(R), Cyberspace Operations, 2013, http://www.dtic.mil/doctrine/new_pubs/jp3_12R.pdf

3 片岡徹也『軍事の事典』（東京堂出版、２００９年）

4 "Capability of the People's Republic of China to Conduct Cyber Warfare and Computer Network Exploitation", Northrop Grumman, 2009, p13

5 グレン・グリーンウォルド『暴露　スノーデンが私に託したファイル』（田口俊樹他訳、新潮社、２０１４年）

6 "Occupying the Information High Ground", Northrop Grumman, 2012

7 http://www.cpd.com.cn/n4548/n4583/c11460459/content.html

8 リチャード・クラーク他『核を超える脅威　世界サイバー戦争』（北川知子他訳、徳間書店、２０１１年）

9　片岡徹也『軍事の事典』（東京堂出版、２００９年）

10　ジョージ&メレディス・フリードマン著『戦場の未来』（関根一彦訳、徳間書店、１９９７年、p２０８）

第3章　サイバー戦争は始まっている

この章では、これまでに記述してきたサイバー戦争とは何かについての考察を元に、実際のサイバーにかかわるいくつかの国家レベルの具体的な事件を通して、サイバー戦争のイメージを示してみたい。

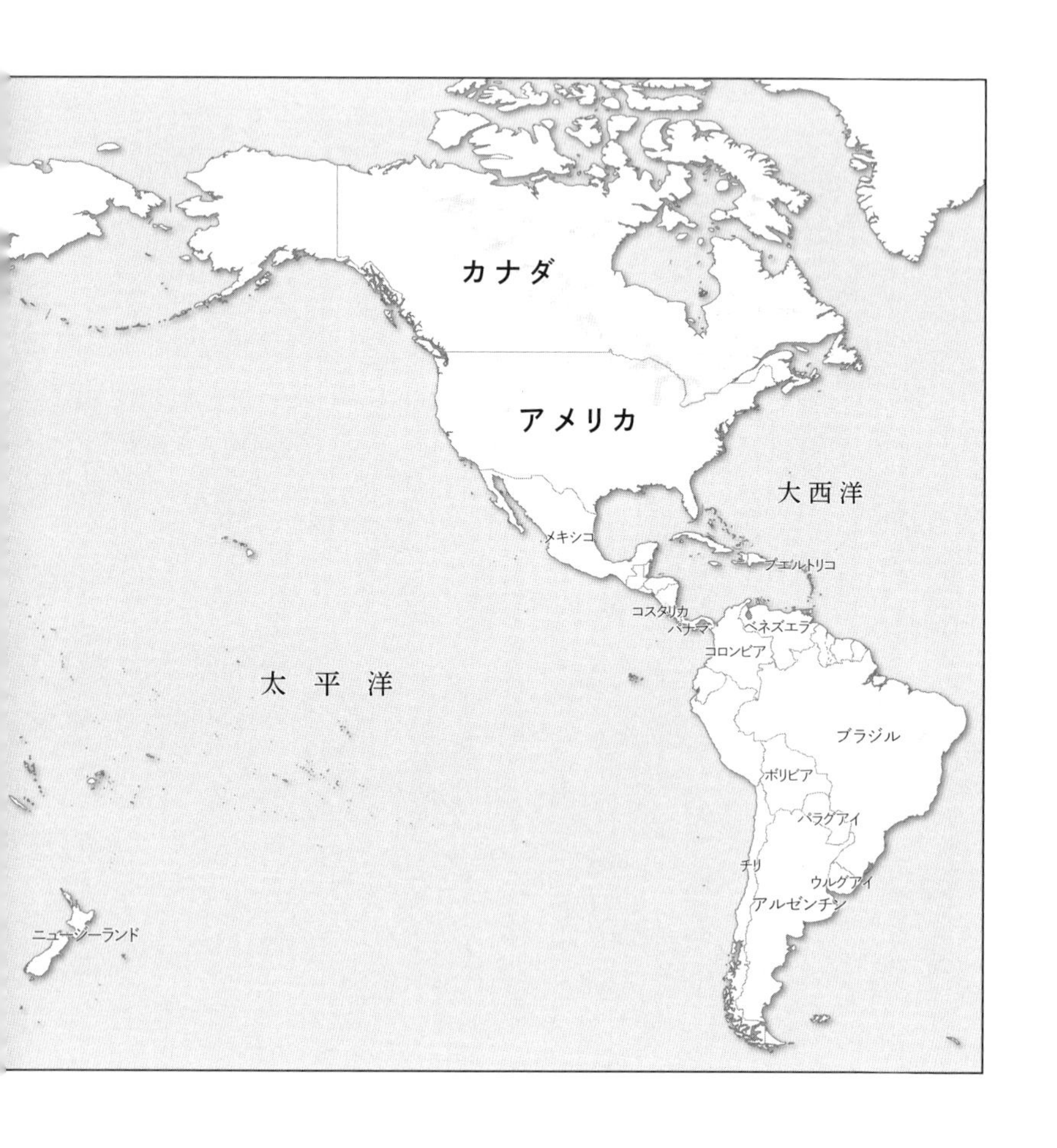
カナダ
アメリカ
大西洋
メキシコ
プエルトリコ
コスタリカ
パナマ
ベネズエラ
コロンビア
太 平 洋
ブラジル
ボリビア
パラグアイ
チリ
ウルグアイ
アルゼンチン
ニュージーランド

中東、ロシア国境地域の「戦場」でサイバー攻撃が展開されている

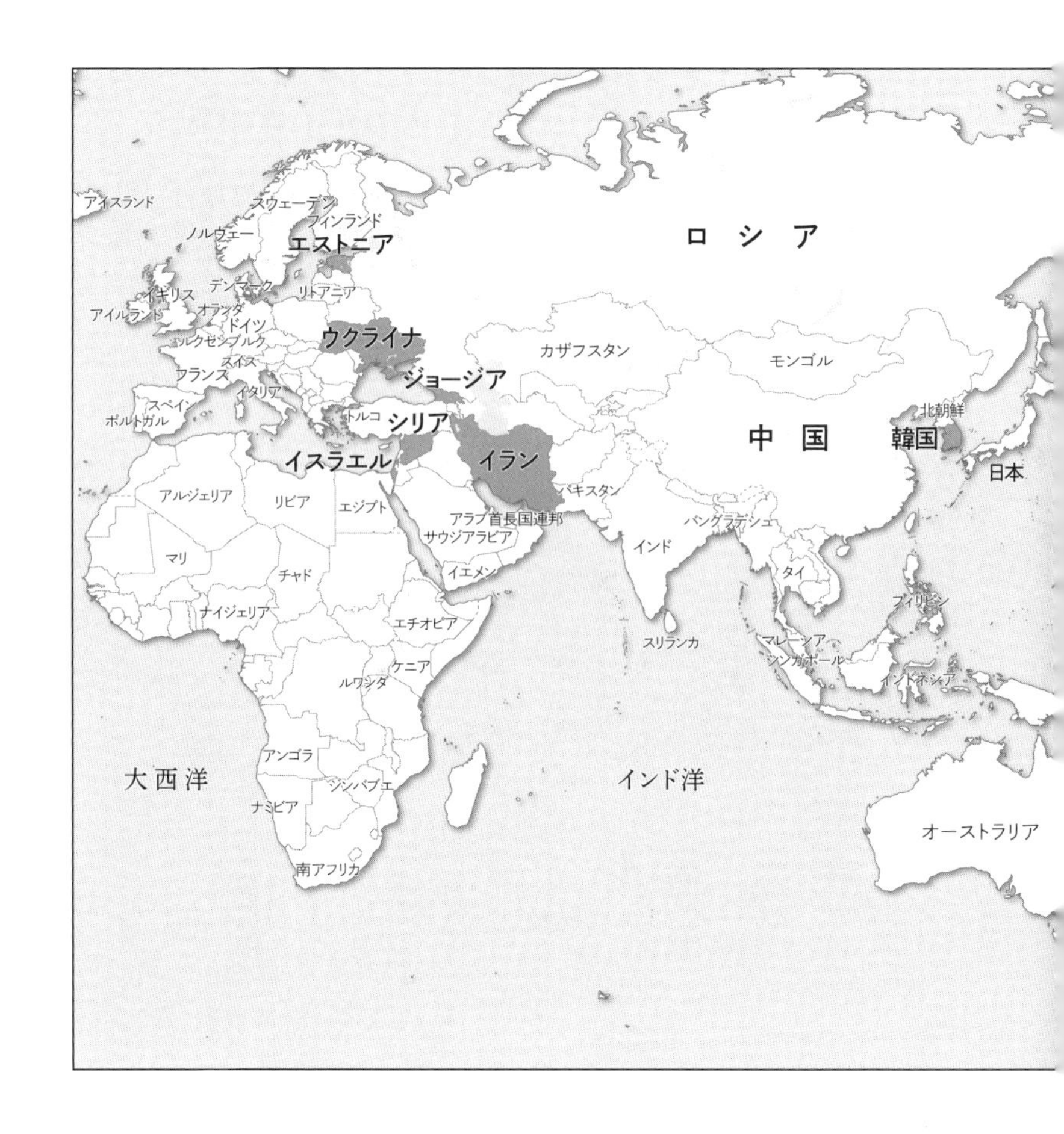

1　エストニア共和国に対するサイバー攻撃
――国を震撼させたサイバー攻撃事件

２００７年４月、バルト海に面する小国エストニアが国家レベルの大規模なサイバー攻撃を受け、政府機関を始め銀行や新聞社等、多くの組織がその機能を麻痺させられ、国全体が大混乱となった。

当時のエストニアは建国以来、ＩＴ技術を重視し、その整備を進めていた。その結果、攻撃を受けた時点で、ほとんどすべての国民がＩＣカードを保有しており、これは身分証明書、運転免許証、健康保険証等として使える他、納税、インターネットバンキングや電子投票ができるなどの機能を持つものであった。

しかし、このようにある国家がその社会基盤をサイバー技術に大きく依存しながら、一方で、サイバー攻撃に対する十分な備えがない場合、どのような問題が起こりえるかが浮き彫りになった事件であった。

(1)　強国の盛衰に翻弄された歴史

エストニアは、言語的にはフィンランドに近く、また、民族的には土着のエストニア人の他、古くからのドイツ系移民等も多いため、それらから文化的影響を強く受けている。しかし、近代以降、長くロシア人の支配下にあった。１９１７年の帝政ロシアの崩壊に伴い、一時的に独立を果たしたが、ソビエト連邦の成立とともに再びその勢力圏に組み込まれ、連邦を構成する共和国のひとつとなっていた。

第2次世界大戦が勃発しドイツ軍がソ連領に侵攻したことにより、エストニアからソ連の勢力は一時的に駆逐されたが、１９４４年のドイツの敗北と共に、ソビエト連邦の一構成国に戻った。その際、ソ連はこれを「解放」と称した。この後のソ連時代には、ロシア語の使用や住民の強制的な移住等、エストニアに対するロシア化が強力に進められたという。

そして、１９９１年のソ連の崩壊により、エストニアは再び何度目かの独立を果たしたのである。この時に比較的若い政治家たちが国の実権を握ることになった。彼らは自分たちの国の今後を真摯に考え、これからの繁栄の基盤はＩＴ技術であると考えた。

これがエストニアのＩＴ重視政策に繋がり、国を挙げてインターネットなどを整備する原動力となるわけである。しかし、この時に、まだ未熟で信頼性の低いインターネット技術を多用して急速に各種のシステムを構築・整備したことが、２００７年に大規模なサイバー攻撃を受けた際に被害を大きくしてしまったという側面も否めない。

さて、このような歴史的経緯により、独立後、エストニアでは民族的政策、言い換えれば、反ロシア的な政策が行われるようになった。そして、このことはロシア・エストニア両国間の関係はもちろん、国内においても、もともと住んでいたエストニア住民とソ連・ロシア時代に移住してきたロシア系住民の間の軋轢を高めることになり、やがて国内で騒乱が発生した。

騒乱の直接的なきっかけとなったのは、首都タリンにある旧ソ連軍将兵記念像の撤去問題である。「ナチスドイツからエストニアを解放したロシア兵士を称える」というこの像に対して、解放されたとされるエストニア人は複雑な感情を持っており、エストニア民族主義の勃興と反ロシア感情の高まりとともに、その撤去が政治的な争点となっていた。そして、エストニア政府が記念像を撤去しようとしたことで、ついに2007年4月26日夜、騒乱が起こった。

最初のサイバー攻撃が行われたのは騒乱の翌日の夜である。世界中のおよそ100万台のパソコンからエストニアに膨大な量のトラフィック*が流れ込み、エストニアのシステムを圧倒した。これにより、政府機関のホームページへのアクセスはもちろん、銀行業務をはじめ国内の各種インターネットサービスはほぼ使用不能となった。この攻撃は第2章で説明したDDoS攻撃である。

エストニアCERT（コンピューター緊急対応チーム）**によれば、この時、同国に流入した総トラフィック量は通常時の400倍以上であったとのことである。攻撃はほぼ3週間にわたって続き、通常の行政活動が停滞したことによるエストニアが受けた経済的な打撃は計り知れない。

＊　ネットワークを流れる情報やデータのこと。

＊＊　不正アクセスやマルウェア感染に対処したり、システムの脆弱性に関する情報を収集しその分析を行い、関係各所に注意喚起を行ったりする組織。

(2)　真犯人は不明のまま

騒乱の発生とほぼ同時にDDoS攻撃が実行されているが、この攻撃に用いられたボットネット***の調整には事前の準備が必要なことから、この攻撃は大勢のハッカーがそれぞれ勝手に攻撃を行ったことによる偶発的なものではなく、

＊＊＊　持ち主の知らない間に乗っ取られ、攻撃者に遠隔操作されるようになった大量のパソコンからなるネットワークのこと。

何者かにより前もって組織化され準備されていた可能性が高い。

であれば、今回のようなＤＤｏＳ攻撃の場合、実際に攻撃を行った多数のパソコンに対して攻撃の指令を出していた何者かがいるわけであるが、その真犯人を見つけることは難しい。インターネットには発信元を確実にたどるための仕組みがないからだ。そもそもネット上では他人になり済ますことも容易であるし、人のパソコンを遠隔操作することも可能だ。つまり、なんらかの方法で指令するパソコンを見つけても、そのパソコン自体がまた乗っ取られており遠隔操作されている可能性が否定できないとすれば、犯人を求めて永遠にネットの中をたどっていかざるをえず、真犯人は闇の中となる。

2　イスラエルによるシリア空爆にともなうサイバー攻撃
戦闘を支援するためのサイバー攻撃

２００７年９月。シリア某所に建設中のある施設がイスラエル空軍機の爆撃を受け破壊された。その際、爆撃を行ったイスラエル空軍機がシリアの防空システムで探知されなかったという。そして、その理由がサイバー攻撃によるものであった可能性があり、そうだとすれば、これはサイバー攻撃を戦闘支援に用いた具体的な事例ということになる。

(1) イスラエル空軍機は探知されなかった

2007年9月6日深夜、シリア－トルコ国境からシリア内陸へ約120キロメートル入り込んだ、とある涸れ谷に建設中の施設が、飛来したイスラエル空軍機の爆撃を受けて破壊された。しかし、イスラエル・シリア両国政府は、当初、この件に関して何も発表しなかった。やがて、そこで何かが起こったという噂が流れ、米国が関わったなんらかの破壊行為がシリア国内で行われたのではないかという一般報道も出た。このような報道に後押しされるかたちで、シリア政府は、からっぽの建物をイスラエルが破壊したとの発表をおこなった。

事件から7ヶ月後、破壊された施設が核関連のものであった可能性があるとの指摘を受けて、国際原子力機関*（IAEA：International Atomic Energy Agency）は現地に調査団を派遣したが、そこには施設もその残骸もなく、まるで造成し

＊　原子力の平和利用を促進するとともに原子力が軍事目的に転用されないための保障措置を行うための国際機関

たばかりのような更地があったのみであったという。しかし、その地で採取した土壌から人工の放射性物質が検出されたことから、やはりここには何か核関連の施設が存在していたのだという証拠が得られた。

さて、核問題とは別に、おかしな噂が流れていた。爆撃の際、イスラエル空軍機がシリアの防空システムによって検知されなかったというのである。イスラエル空軍はステルス機を保有しておらず、利用されたのはおそらく通常の航空機であるF－15とF－16である。とすれば、爆撃に際してシリアのシステムを騙すために、なんらかの手段が、もしかするとサイバー攻撃が利用されたのではないかと考えられたわけである。

その後の報道[1]によれば、この攻撃に際してイスラエル軍が利用した技術は、英ＢＡＥシステムズ社が開発した航空ネットワーク攻撃・欺瞞システム（SUTER Program System）のようなものであったとのことである。

（2） 敵ネットワークに侵入してシステムを阻害？

ＳＵＴＥＲの基本的な使用法は、無人航空機にこれを組み込み目標に接近し、敵の無線通信ネットワークに侵入することだ。これにより、敵の防空システムの表示を見ることができる他、これを操作して航空機目標シンボルを消して画面に表示させなかったり、偽の目標シンボルをあらぬ場所に表示させたりすることも可能なようだ。

この説明には驚かされはするものの、それは以前からある電子戦の一種にすぎないと考えることもできる。つまり、敵の通信を傍受することや敵になりすまして通信を行うことは、まさに電子戦の持つ機能そのものでもあるからだ。

さて、SUTERという特別なシステムを使わなくても、他にも防空システムへの攻撃を実現する方法を考えることはできる。例えば、レーダーと対空戦闘指揮所を繋ぐネットワークの途中に割り込み、そこでレーダーから流れるデータを傍受できるようにする。そして航空機が飛んでいない時のレーダー情報のデータを記録しておき、これを攻撃時に指揮所へ流すわけである。こうすれば、指揮所の対空戦闘表示画面には何も映らなくなるだろう。あるいは、システムの目標シンボルを表示するプログラム自体を改竄して、侵入するイスラエル機を非表示にするということも考えられよう。実はこのような攻撃手法に関しては前例がある。1998年、コソボ紛争において、セルビア軍の防空システムがハッキングされて敵影が非表示になったというのだ[*]。

＊　2003年、米国海軍大学院教授ジョン・アキラによる発言。

ちなみに、２００８年の「エアクラフト・テクノロジー」の記事[2]によれば、このＳＵＴＥＲがまさにアンテナからマルウェアをシステムに侵入させたということになっている。私の個人的な見解だが、この記事は必ずしも事実を全て記述したものではなく、肝心な部分はぼかしてあるのではないだろうか。

　測距のための電波パルスを受信するレーダーのアンテナに、特別な電波を受信させたとしても、そこからソフトウェアをシステムに入れることはできない。電波とシステムは直接繋がっていないからだ。

　しかし、敵味方識別システム（IFF : Identification friend or foe）に対する攻撃ならありえる。ＩＦＦ信号に対しては、暗号解除を含む複雑な処理をシステム内部で行うからだ。したがって、ＩＦＦ信号にマルウェアを乗せるということは可能だと思う。適切なセキュリティ対策がなされていなければ、バッファーオーバーフロー攻撃*でシステムを乗っ取れる可能性がある。

　いずれにせよ、この記事のとおりマルウェアを使ってシステムの機能をソフト的に阻害するともなれば、これは電子戦というよりもサイバー戦ということになる。したがって、前記の報道等が事実であったとすれば、これはサイバー攻撃を戦闘支援に利用した具体的な事例であるということになるわけである。

＊　メモリの限度を超える大容量データを入力することで、プログラムを停止させたり、逆に任意のプログラムを実行させたりする攻撃手法のこと。

3　ロシア・ジョージア戦争におけるサイバー攻撃

民間人が自ら戦争に参加する時代

２００８年８月、ロシアとジョージア（旧名称グルジア）の間で戦争が起こった。* これはジョージア国内における、南オセチア自治州の親ロシア派によるジョージアからの分離独立の動きに関連したものである。その際、ロシア軍の戦闘行動に呼応するかのように、ジョージア大統領府、議会、外務省、国防省、メディア等に対する大規模なサイバー攻撃が行われた。

このサイバー攻撃は、愛国心に燃えたロシアのハッカーたちが自国の戦争に協力しようと考えて実施したものであると言われている。

* ２００８年の南オセチア紛争、ロシア－ジョージア戦争、８月戦争等のいくつかの名称で呼ばれている。

(1)　サイバー攻撃は戦闘と連携していた[3]

戦争の背景にあるのは、ソビエト連邦時代に定められた連邦を構成する各国の境界線が諸民族の居住分布とずれていたことである。そのため、ジョージア国内では、以前から民族主義的な分離独立の動きをするグループとそれに反対するグループとの間で軋轢が絶えなかった。そしてそれぞれのグループを影から支援するロシア政府とジョージア政府の間には徐々に緊張が高まっていた。

やがて分離独立派は南オセチア自治州に民兵を組織し、その動きは日に日に過激になっていった。さらにロシアは平和維持軍としてロシア正規軍を南オセチアに派遣したが、ジョージア政府から見れば、それは反政府勢力の南オセチア民兵を支援するようにしか見えなかった。

8月8日、ロシア軍が挑発したとの理由により*、ジョージア政府軍が南オセチアに進入し、南オセチア民兵やロシア軍を攻撃した。ただちにロシア側も反撃を開始し、両国は交戦状態に入った。その後、ロシア軍の反撃が本格化してジョージア軍を圧倒し、南オセチアの州都ツヒンヴァリを占領。ロシア軍の激しい攻撃の前に、10日には南オセチアに進入していたジョージア軍が撤退を開始し、13日、EU議長国であるフランスのサルコジ大統領の調停により、ロシアとジョージアが和平案に合意して、16日、文書による和平合意に達して概ね戦闘は終結した。

さて、この戦争におけるサイバー攻撃の状況[4]に関しては以下のとおりであ

* ジョージアによれば、オセチアからの砲撃によりジョージア人兵士が死亡したことにより開戦に踏み切ったという。

る。２００８年7月中旬頃から、ジョージア大統領府のウェブサイトへのＤＤｏＳ攻撃が発生していた。8月になってから、その攻撃は次第に激しさを増していき、ジョージア軍が南オセチアに進入した8日頃にはピークに達していたという。

ジョージアに対するサイバー攻撃はＤＤｏＳ攻撃だけではなく、ウェブサイトの改竄、スパムメールの送り付け、サイバー封鎖等[*]、多種多様な攻撃方法が含まれていた。またロシアには愛国的なホームページ[**]が立ち上げられ、そこにはジョージアへの攻撃を呼びかけるスローガンが提示されるとともに、ジョージアをサイバー攻撃するためのスクリプト[***]や攻撃目標等が掲載された。

なお、このロシアからのサイバー攻撃に際し、ジョージア人ハッカーたちも立ち上がり、ロシアに対抗しようとしたらしい。しかし、ジョージア人の立ち上げたサイトはロシアからのサイバー攻撃により潰されてしまうなど、この民間人同士の「サイバー戦争」は、ロシア人ハッカーの勝利であったと言われている。

＊　これは、ジョージアと世界のインターネットに繋がるゲートウェイ（インターネット上の出入り口）を攻撃して、ジョージア人による国外とのインターネット利用を妨害するというものである。

＊＊　StopGeoregia.ru　なるロシア愛国者サイト

＊＊＊　素人でも、それを使えばサイバー攻撃ができる簡単なプログラム

(2) 民間人が自らの意志で戦争に参加、協力した

報道を見る限り、今回行われたサイバー攻撃には、ロシア軍の戦闘行動を直接支援する、つまり、ジョージア軍の指揮システム等を直接サイバー攻撃したというようなものはなかった。また、ジョージア政府機関等に対するサイバー攻撃は民間人が行ったように見える。しかし、この民間人が作ったとされるロシア愛国者サイトはモスクワのロシア軍諜報部所在地に隣接する番地に繋がっていたとの研究報告もある。[5] さらに、攻撃のタイミングが軍事行動にほぼ一致していたこと、攻撃の様相が当時の技術で考えられるあらゆるサイバー攻撃技法を試しているようにも見えること等から、このサイバー攻撃の背後にはロシア軍が存在しており、これは彼らのサイバー攻撃実験であったか、少なくとも、間接的な関与があった可能性は否定できない。

しかし、仮に軍の支援やコントロールがあったとしても、本事件において特に重要なことは、「民間人が自らの意思で戦争に参加・協力した」ということではないだろうか。これまでの戦争では民間人は戦争に巻き込まれるものであったのに今回はそうではなかったからである。戦争というもののかたちが変化してきているのだ。

4　イランにおけるスタクスネット事件
史上初の高度なサイバー兵器

スタクスネット（Stuxnet）は2010年6月にその存在が報告された、これまでになかったほど高機能のワームである。ワームとはマルウェアの一種で、ネットワーク上で自己増殖し伝播していくことが可能だ。スタクスネットはそのワームとしての一般的性質の他に、ウィンドウズの脆弱性を利用してUSB経由でパソコンに感染することもできる。

このマルウェアは、当初、独シーメンス社製の工場向けプラント制御用ソフトウェアを攻撃対象としていると言われ注目を集めた。この製品は世界中で利用されており、事実ならば、世界的な被害に発展する可能性があったからである。その後のシーメンス社の発表によれば世界中の15の工場のシステム、何十万台ものコンピューターがこれに感染していたという。

しかし、この高度で複雑なマルウェアは、実はイランの核開発をサボタージュする目的で作られた可能性があり、史上初の高度なサイバー兵器ではないかと考えられている。

(1)　産業用制御システムへの攻撃

２０１０年６月17日、ベラルーシのＶｉｒｕｓＢｌｏｋＡｄａ社は、ＳＣＡＤＡシステムに感染する強力なマルウェアが世界に広がっていることを発表した。以後、ユーラシア圏を中心に世界中でこのマルウェアに関する報告が相次いだが、そのうちにこのマルウェアの感染には地域的な偏りがあり、報告例の６割弱がイランに集中していることがあきらかになった。すなわち、このマルウェアの発生地点は最初に報告のあったヨーロッパではなく中東であることがわかった。

そして９月に、このマルウェアはイランのエスファハーン州ナタンズに所在する核燃料施設を標的としていたことがあきらかになった。ナタンズの施設ではウラン遠心分離機を制御する装置が乗っ取られ、結果として約８４００台の遠心分離機の全てが稼働不能に陥ったという。９月28日、イラン鉱工業省の情報技術部門の幹部は、イランが海外から大規模なサイバー攻撃を受けており、産業用パソコン約3万台に感染が見つかったとの発表を行った。

(2)　「クローズしたシステム」の安全神話を壊した

スタクスネットの特徴については、基本的にはワームであるが、ＵＳＢメモリー、ハードディスクドライブ等のＵＳＢデバイスを利用して感染を広げることができるなど、複数の極めて強力な感染機能を有している。マイクロソフト・ウィンドウズの脆弱性（MS10-046）を利用しており、ウィンドウズ・エクスプローラーで表示しただけで感染する。

スタクスネットはパソコンに感染すると、まず自分自身の存在が通常の方法では表示されないようにしてしまう。これはスタクスネットに感染したことにより導入されるルートキット*と呼ばれる不正なツールによるもので、ＯＳの基本機能を書き換えるなどして、特定のファイルを表示しないようにしてしまうものだ。また、ウィンドウズの持つセキュリティ機能の一部を停止させることもできると言われている。

＊　rootkit。管理者に察知されることなく侵入者がシステムへのアクセスを維持することを支援するための各種ソフトウェアの集合体。

その後、そのパソコンがシーメンス社製の工場用制御システムの一部かどうかをチェックする。もし「当たり」であった場合は攻撃に移る。もし当たりでなければ、特に何もしないでさらなる感染拡大の機会を待つ。

このように、このマルウェアは特定の狙った工場環境を探し出すように作られている。

さて、その機能であるが、目標である「周波数変換装置」を攻撃するように設計されている。[6] 周波数変換装置はモーターに交流電力を供給するもので、その出力周波数を変化させることによって、制御されるモーターの回転速度を変えることができるものだ。今回の目標となった工場では、そのモーターはウラン濃縮用の遠心分離機を回転させるために使われている。すなわち、スタクスネットは周波数変換装置の出力周波数を勝手に変えてしまうことで遠心分離機のモーターの回転数を変え、遠心分離機を物理的に破壊するか、あるいは本来の性能を出すことを妨げるように作られていたと考えられる。

ただし、ここで使われていた周波数制御型のモーターは、周波数を変えても物理的にこれを破壊することは難しい。普通の直流モーターならば、電流をたくさん流して電線が焼けるようにしたり、高速回転により回転子が吹き飛んだりするように攻撃することで破壊できる。しかしこのタイプのモーターでは周波数を単純に上げても回転子が回転磁界の動きについて行けないだけで、簡単には壊れたりはしない。どうしても壊そうとすれば共振させる必要があるが、個々のモーターそれぞれをその固有共振周波数に制御するのはかなり困難である。

つまり、攻撃者の真の目的は、ウラン濃縮の最中に遠心分離機の回転数を下げてウラン濃縮を不完全にし、結果として、工程上の結果としては高濃度になっているはずだが実は低濃度のウランが生成されるようにすることにあったのではないだろうか。このことに気がつかずにでき上がった濃縮ウランを材料にして核兵器を作ったとしても、爆発しないか、爆発したとしても設計値どおりの性能を出さないことは確実である。

また、スタクスネットにはもうひとつの機能がある。[7] これは正常運転時の監視データを記録しておき、スタクスネットが遠心分離機の回転数を変えている時には、記録された正常時のデータをオペレーターに送出することで異常が起こっていることを隠すというものだ。ここで注意してほしいのは、もし遠心分離機の物理的な破壊が目的であれば、このような機能は必ずしも必要ではないと考えられることである。もちろん、機材の劣化を狙う場合は、この機能は役に立つだろうが、故障した遠心分離機は単に交換されるだけなので、そのインパクトは小さい。

というわけで、この欺瞞の機能があることからも、このマルウェアの目的は破壊ではなくサボタージュであったのではないかと私は考えているわけである。

以上のように、スタクスネットは極めて複雑なつくりをしている。また、可能であれば外部との通信によって自分自身のバージョンアップを行う機能も有していた。さらに、スタクスネットは感染のために少なくとも4種類以上の脆弱性を利用したと言われているが、これらの脆弱性はこのマルウェアを開発した時点では、まだ世間一般には発見されていなかった可能性が高い*。これらのことは、このマルウェアの作成者たちの技術レベルがかなり高いということを意味している。

付け加えて、プログラム内に「Myrtus」(植物の名前で聖書にその名称が出てくる)という単語が隠されずに書かれている。もしこれが聖書からの引用であれば、製作者が誰であるかのヒントとなりえる。もちろんそれは、「聖書の民」ということになろう。

以上のようなことから、このマルウェアの目的はイランの原爆開発に対するサボタージュであり、その作成者はイスラエルではないかと考えたわけなのだ

＊ ゼロデイの脆弱性という。対処するためのパッチが公開される前の脆弱性のこと。これを発見するには、かなりの技術力が必要である。

が、後に、これは「オリンピック・ゲームズ」という名称の米国とイスラエルの共同作戦であったことが報道され[8]、この考えがある程度正しかったことがわかった。

さて、もしスタクスネットがイランの核兵器保有を良しとしないイスラエルにより作られたサイバー兵器であったとすると、その兵器としての成果をどう見るべきであろうか。

不良品の核兵器をイランに持たせるということが最終目的であったならば、それは失敗であった。自分の存在や動作を隠すための高度な機能を持っていたにもかかわらず、感染機能が強力すぎたためにスタクスネット自体は別の場所に広がっていって、そこでその存在を発見されて、対処されることになったからだ。しかしながら、イランに多大な時間と費用を浪費させたことは間違いない。また、このマルウェアを作るために必要な技術資料を前もって入手していたことや、いわゆるゼロデイの脆弱性を複数用いていたことなどから、イスラエルの諜報能力や技術力が改めて高く評価されることになったと言える。

いずれにせよ、スタクスネットは史上初の高度なサイバー兵器ではないかと考えられ、本件はサイバー戦争の最初の事例ということなのかもしれない。

さて、このスタクスネット事件のもうひとつの意義は、「クローズしたシステムは安全である」というこれまでの神話を壊したことである。一般に、クローズした、つまり外のインターネットと繋がっていないシステムは、オープンなシステムに比べ安全だという見解が一般的だ。実際は外と繋がっていないから安全だと考えること自体が油断となり、結果として却って危険だとも言えるのだ。おそらくその油断ゆえに、そのようなシステムではセキュリティソフトも入っておらず、また、ソフト的な弱点のある古いソフトがそのまま利用されている場合が多いと考えられる。しかし、本事件で証明されたように、攻撃者に強い目的意識があれば、クローズしているシステムであってもそれを乗り越える手段を必ず攻撃者は考えるものなのだ。

5　韓国同時多発サイバー攻撃事件[9]
サイバー攻撃の政治的利用の可能性

2013年3月20日14時半頃、韓国の主要放送事業者3社と金融業者3社の内部端末パソコン（全部で、4万8000台程度）が使用できなくなるという事件が発生した。これは2007年以降、韓国で起こったサイバー攻撃事件の中で最大のものであるとのことである。[10] この事件の被害総額は8672億ウォン、日本円にして867億円にも上ったと言われている。[11]

この攻撃は、パソコンの起動に必要な情報が書きこまれている内部領域を書き換えることによって、パソコンが起動できないようにしてしまうという悪質なものであった。テレビ局ではパソコンなしで業務を続けることで放送自体が止まるという事態は避けられたが、銀行のATM（現金自動預け払い機）は一部使えなくなった。

この攻撃は、過去に発生した北朝鮮からのサイバー攻撃の特徴と類似点が多く、韓国政府は北朝鮮による攻撃であると発表している。*

(1)　マルウェアによるインフラへのアタック

攻撃者は、まず目標とした組織内部のアンチウイルスソフトの更新管理サーバーを攻撃してこれを乗っとり、その仕組みを利用して組織内のパソコンにマ

＊「この攻撃は北朝鮮偵察総局によるものである。これまでに確認されたマルウェアは76種類で、その半数近くは、過去に北朝鮮が行ったサイバー攻撃で使われた物と同じであった」（NHK NEWSWEB 2013・4・11による）

ルウェアを配布し感染させていた。

その攻撃の具体的な手順は概ね以下のとおりである。（韓国IssueMakersLab社の情報を元に著者が作成[12]）

①攻撃のためのコントロールサーバーを確保。その数は、韓国内に34台、国外に19台であった。
②外部の公開ウェブ掲示板サーバーをハッキングしマルウェアを仕込んだ。これは２０１２年の6月から始まっていた。
③前記のウェブサーバーを閲覧した人のうち、攻撃対象組織のパソコンがマルウェアに感染。
④感染したパソコンは、犯人の用意したコントロールサーバーへ接続しに行き、そこからさらにマルウェアをダウンロードする。このマルウェアにより、パソコンは犯人に完全に乗っ取られる。
⑤乗っ取ったパソコンを利用し、対象組織内を探索し、管理サーバーを攻撃しこれに侵入。
⑥犯人の行う通信の隠蔽や攻撃の指示コマンドをより便利なものに修正したり追加したりする等、攻撃基盤の拡充作業を実施。

⑦管理サーバーへ、攻撃用のマルウェアをアップロード。
⑧管理サーバーは、パッチ配布を装って各パソコンにマルウェアを送り込む。
⑨各パソコンは起動不能に。
⑩攻撃終了後、コントロールサーバー等から痕跡を消去する等、隠蔽工作の実施。

(2) 注目すべき攻撃対象

報道では強調されていないが、実際の金銭的な被害は前述のように発表された以上であった可能性もある。攻撃者に攻撃の成果に関する情報を与えないために、その実状や損害の全貌を発表しないのが正しい態度であるからである。

さて、攻撃の背景について検討する。

注目すべき点は、攻撃対象が3つの放送事業者と3つの金融機関に限られていたことである。これには意味があると考えられる。それは、これらの事業者にはサイバー攻撃事件が起こった場合に、仮にそのことを対外的に隠したいと考えたとしても[*]、顧客が多数いるために隠し通せないという特徴があるという

＊　一般的な会社は、サイバー攻撃を受けて被害にあったことを公表したがらない。会社の信用に関わるからである。

ことだ。つまり、今回の攻撃は、サイバー攻撃の事実が公表され大騒ぎになることが目的であったと考えられる。言い換えれば、攻撃者の意図は、韓国経済に損害を与える事や金銭を儲けることではなかったということだ。

もし、経済的な損害を与えたり、あるいは攻撃によりなんらかの金銭的な窃取を目論んでいたりするならば、対象は製造業、例えばサムスン等の韓国を代表する大企業を狙ったはずである。そして今回の攻撃の技術力を見る限り、それは可能であったと考えられる。

では、大騒ぎになること自体の意味は何であろうか。

この攻撃のあった時期は、現在の朝鮮労働党委員長（事件当時第一書記）、金正恩が権力を父から引き継いだばかりの時期であった。しかしまだ権力基盤がしっかりしておらず、自分の地位を安定させるためには、「業績」を国民に知らしめる必要があった。彼の父も祖父もそのようにして権力を固めて来たのだ。例えば、彼らは、韓国の魚雷艇を沈めるとか、韓国領土に大砲の弾を撃ち込むとか、問題のないところに事件を起こし、妥協すると見せて外国から経済援助を手に入れてきた。とするならば、第一書記（当時）として、もっとも効果的な国民へのアピールは、米国大統領を会談に引きずり出し、外国から多額の援助、燃料・食糧等を手に入れる事であったであろう。

さて、ここで問題なのは、経験不足のたかだか30歳そこらの若者に、腹を括って勝負に出られるだろうかという事である。たとえ脅しのつもりでも軍事的な行動を取れば、米国が本気になるかもしれない。被害が大きければなおさらである。報復を受けて国が滅んでしまうかもしれない。無理もないことだが、若い指導者にはそのリスクを冒すだけの胆力がなかったのではないか。

そこで、サイバー攻撃である。サイバー攻撃ならば、隠しようのない騒ぎを引き起こし、その結果、北朝鮮のサイバー戦能力を示すことができる。しかも、万一、本気で米国が怒っても、それは北朝鮮に罪をなすりつけようとしている第三国の仕業であるとか、米国によるでっちあげであるとか、しらばっくれる事も可能だ。攻撃の真犯人がわからないというのがサイバー攻撃の最大の特徴なのだから。

以上のように、今回の事件の本質は、北朝鮮が米国を交渉のテーブルに引き出すためのシグナルとして、武力攻撃を行う代わりにサイバー攻撃を行ったというのが、私の見立てである。これもまた一種のサイバー戦争であったと言えるのかもしれない。

6 ウクライナ紛争*

今、そこにある情報戦争

2014年、ウクライナ領クリミア半島の帰属をめぐってウクライナとロシアとの間で政治的危機が起こった。** 結果として、クリミア地域は共和国としてウクライナから分離独立し、親ロシア国家として誕生することになった。

このクリミアの独立を受け、ロシア語を使う人々の多いウクライナ東部地域でも、分離独立運動が始まった。やがて、運動は武力を伴う内乱に発展したが、8月頃には、ウクライナ政府軍の活動により分離独立派はほぼ総崩れになった。しかし、ロシアによる肩入れがあり、形勢が逆転する。9月頃にはウクライナ政府と分離独立派の間で停戦が成立したが、その後も実際的な戦闘行為は続いている。2015年になり、双方が戦力の強化に努めている状態である。

このウクライナにおける武力紛争の陰で、ハッカーたちによる見えない戦争が行われていた。彼らはCCTV カメラ、大型野外映像ディスプレイ、ネッ

* この項の記述はウクライナのセキュリティ企業イーライトLLC社 日本アジア地区責任者の三島悟氏等からの情報によるところが大きい。紹介し合わせて感謝したい。

** 実際はウクライナ紛争には、その歴史、地理的環境、宗教等、複雑な背景がある。2014年の問題も、その発端はウクライナ反政府勢力が大統領府を占拠して親ロシア派の大統領を追放し親米政権が樹立されたことに始まるが、ここでは簡単に記述した。

トワークプリンター等を乗っ取って、それぞれの政治的活動に利用している。これらは、サイバー攻撃としてあからさまに経済的、物理的な損害を与えるものではないが、サイバー技術を利用して情報を操作したのである。

(1)　クリミア半島をめぐる政治危機

ウクライナで２０１４年、クリミア半島の帰属をめぐってロシアとの間で政治的危機が起こった。

クリミア半島にはセバストポリ軍港があり、ソ連崩壊後、ロシアが租借していたが、ウクライナが政変により親米・親ＮＡＴＯに傾くと、クリミアの帰属はロシアにとって重要な国防上の問題となっていった。やがて、クリミアは共和国としてウクライナから分離独立し、親ロシア国家となった。その陰にはロシアの影響があったと考えられている。

ウクライナからのクリミアの独立を受け、さらに、ロシア語を使う人々の多いウクライナ東部地域でも、分離運動が始まった。東部地域は、地下資源が多く豊かである。一方、ウクライナ北部地方には事故を起こしたチェルノブイリ原子力発電所がある。ウクライナはその処理に現在でも国家予算の数パーセントをかけている状況であり、東部地域の分離はウクライナにとって経済的にも耐え難いものであったと考えられる。やがて、分離運動は、武力を伴う内乱に発展した。

当初、ロシアは分離独立運動を軍事的には支援せず、親ロシアの自治州になることを望んでいたようにも見えたが、しだいに戦闘が激しくなっていった。8月頃は、分離独立派つまり親ロシア派武装勢力はほぼ総崩れになった。その後、ロシアによる親ロシア派武装勢力への肩入れがあり、形勢が逆転し、9月頃にはウクライナ政府と分離独立派の間で停戦が成立した。しかし、実際の戦闘行為は続き、ロシアからの「義勇兵」の流入も続いた。12月には改めて、停戦が合意されたが、むしろ、戦闘は激化している。２０１５年になり、双方が戦力の強化に努めている状態である。

そして、この武力紛争の影で、ハッカーたちによる見えない戦争、サイバー戦争が行われていた。彼らは、お互いに自分たちの政治的立場を有利にするために、戦闘行動に連携し、サイバー技術を駆使して多種多様の活動を行った。停戦後も、サイバーと武力の両方が混合したこの「ハイブリッドな戦闘」は続いている。[13]

このサイバー戦争には、主だった３つのグループがある。[14] まず、ウクライナ・サイバー部隊と名乗っているサイバーグループ。エウゲニー・ドクキンという人物に率いられている。グループの目的は、ウクライナを守ってロシアとの情報戦争を戦うためだという。

彼らは、公共の監視カメラを乗っ取って、[*] 自分たちの目として利用、ロシア軍の動きなどを観察した。さらに、ハッキングにより得られた情報を、実際の戦闘における射撃目標特定のために軍に提供したと主張している。事実であれば、民間人が直接、軍の行動をサイバー技術で支援したということになるが、ウクライナ軍のスポークスマンはこれを否定している。また、ネットワークプリンターを乗っ取り、彼らのプロパガンダを印刷配布するということも行ったという。

次に、サイバー・ベルクートである。これは親ロシア派の分離主義者のグループである。名称は暴動鎮圧部隊[**]の名称からきているとのこと。

彼らは通信傍受と暴露が得意で、米国のバイデン副大統領がウクライナの首都キエフを訪問した際に、随行チームの携帯をハックして、米国の秘密文書を窃取した。それには、米国政府のウクライナに対する軍事援助について記されていたという。また、ウクライナの内務省の大臣の通信をハックして、それを

＊　ドクキンによれば、彼らは２０１５年２月の状況で、クリミア、東ウクライナ及びロシアのある約７０００台のカメラを乗っ取ったという。

＊＊　ウクライナに暴動鎮圧部隊は何種類かあり、Berkutというのはその中のひとつである。Berkutは、２０１３年～２０１４年に、キエフの中央広場で行われたデモの時に活動したことが知られている。したがって、反ウクライナのこのハッカーグループは、皮肉を込めてこの名称を利用していると思われる。

公開したり、「マイダン革命」と呼ばれるデモを応援したウクライナの元首相ユリア・ティモシェンコの電話を盗聴して公開したり、新しい政権の議員と米国の大使館の間の通信を公開したりしている。[*]

さらに、大型野外映像ディスプレイを乗っ取って、彼らのプロパガンダを掲示したり、ウクライナ国会議員選挙に先立ち、電子投票システムの機能を妨害したりした。ウクライナ国防省のデータの窃取や破棄等の妨害工作を行ったともいう。他にもＮＡＴＯのサイトを攻撃したり、米国の民間軍事会社のサイトを攻撃したりしているらしい。

３つ目のグループは、アノニマス・インターナショナルといい、これはロシア人の活動グループである。トレードマークはマザー・グースやルイス・キャロルの小説「鏡の国のアリス」に出てくるハンプディ・ダンプティである。

クレムリンの内部文書をハックしたものを公開していると称しているが、それが本当なのか、それともクレムリンから意図的にリークされたものを出しているだけなのか疑問視されている。つまり、彼らはロシア政府の手先ではないかと疑われている。いずれにせよ、彼らのウェブサイトは現在、ロシア政府によりブロックされている。[**]

＊　ウクライナ共和国の政治家であり、美しすぎる元首相、もしくはウクライナの奇跡と呼ばれている。

＊＊　ただし、他国のＩＰからは見ることができる。

(2)　各サイバーグループによる情報戦争の様相

ウクライナでのハッカーグループによるサイバー利用は、多国籍、一般人、フーリガン、諜報機関、メディア、陸海空軍、著名人、政治家、投資家等の人間が同時に動き、最初はマッチの火がポツポツと散在しているくらいだったものが、メディアがあおること、またそれを利用することで、野焼きくらいまで広がっていった。そして、

◎ソーシャルネットワークサービス（SNS）の活用
◎ユーチューブなどの動画配信
◎盗聴・盗撮
◎合成音声・類似音声を利用したトラップ*
◎テレビやラジオや新聞の利用
◎国会での発言や議論
◎為替・お金
◎エネルギー

＊　ターゲットの人物に電話をかけ、その友人の合成音声を利用して会話し、巧みに誘導して、「迂闊な発言」を引き出すこともあったという。

等を駆使し、それぞれ目的達成のために動いている。

これらの活動はインターネットで結びつけられ複合的に作用している。インターネットの利用は多岐にわたり、もはや連絡手段というような単純なものだけではない。

今回のウクライナにおける「サイバー戦争」は、2007年のエストニアや2008年のジョージアのケースと少し状況が異なっており、物理的な被害が少ないのが特徴である。つまり、ウクライナの経済に打撃を与えたり、政府機能を混乱させたりするものはあまりみられていない。あってもそれはウェブサイトを停止させるぐらいで、主なサイバー攻撃は内外の世論が自分たちに味方するように訴えるためのプロパガンダ活動が多く、これは一種の「情報戦争」の体をなしているわけである。

つまり、ウクライナ紛争は、目に見える武力紛争だけのものではなく、情報戦争としての状況となっており、その主戦場がサイバー空間であるということなのだ。

1　http://wired.jp/wv/2007/10/10/イスラエルによるシリア空爆
2　http://www.airforce-technology.com/features/feature1669/
3　http://ja.wikipedia.org/wiki/南オセチア紛争（２００８年）
4　Cyber Attacks Against Georgia, Enken Tikk et.al., CCDCOE, Tallin, Estonia, 2008.11
5　Project Grey Goose Phase II Report, greylogic, 2009.3
6　http://www.symantec.com/connect/blogs/stuxnet-breakthrough
7　http://www.nytimes.com/2011/01/16/world/middleeast/16stuxnet.html?_r=2
8　http://www.nytimes.com/2012/06/01/world/middleeast/obama-ordered-wave-of-cyberattacks-against-iran.html? pagewanted=all&_r=0
9　http://itpro.nikkeibp.co.jp/article/COLUMN/20130328/466648/
10　韓国政府未来部の発表による…中央日報４月３日付け
11　国家情報院研究第６巻１号
12　http://issuemakerslab.com/320/1mission.html
13　http://www.scmagazineuk.com/ukrainian-government-to-counter-cyber-attacks/article/397970
14　http://www.bbc.com/news/world-europe-30453069

第４章　サイバー兵器とサイバー戦士

これまでサイバー戦について主に運用上の観点から述べてきたが、この章では、まずサイバー技術の基本的事項について説明する。ついでサイバー戦を戦う武器としてのサイバー兵器と、それを扱う人間であるサイバー戦士について述べる。

1　サイバー技術の本質的な問題

まず、サイバー兵器について説明する前に、サイバー技術に関する基本的な話をしたい。そもそもサイバー兵器はどのような原理で動くのだろうか。それはシステムの脆弱性を突くと言われている。では脆弱性とは何であろうか。簡単に言えば、弱点ということになるが、この項ではまずサイバー技術の持つ本質的な弱点の説明から始める。

(1)　コンピューターとその弱点

◉コンピューターの誕生と構造上の制約

コンピューターの誕生は戦争に大きくかかわっていた。もし米国人に「コンピューターの発明者は?」と問えば、「コンピューターは、弾道計算の高速化のために１９４６年に発明されたものであるから、発明したのは米国人である」と答えるであろう。*だが、英国人に聞けば、また違った返事をするかもしれない。第2次世界大戦中に、彼らは敵国ドイツの暗号を解くために英国中の数学関係の天才を集めた。ブレッチリー・パークである。そこで作られた暗号解読装置がコンピューターの元祖であると主張することだろう。さらにドイツ人に尋ねれば、また違ったことを答えるだろう。１９４１年5月12日にドイツ人のコンラート・ツーゼが開発したＺｕｓｅ Ｚ３が稼働したからだ。Ｚｕｓｅ Ｚ３は世界初の二進法計算機で、また、世界初のプログラム可能な自動制御の計算機といわれている。

つまるところ、何をもってコンピューターであるのかという定義まで戻らねば、この論争は決着がつかないが、本書はそういうためのものではないので、それらに関する研究は他の人にまかせ先に進みたいと思う。

ただ、ここで、コンピューターの基礎的な構造を作った米国の天才については触れておかねばならない。ジョン・フォン・ノイマンという。当時、世界中で現在のコンピューターの先祖である自動計算機械に関する研究が行われていた。それまでにもアナログ的なものや記憶素子に磁石を使うような物など多様な研究がなされていたが、この時代に、ほぼ現在のコンピューターとしてのか

* ＥＮＩＡＣ（Electronic Numerical Integrator and Computer）と呼ばれる装置である。もっとも、これで最初に計算した問題は実は弾道計算ではなく水素爆弾に関するものだったという。いずれにせよ最初から戦争と因縁があったわけだ。

たちができ上がった。その主な構成要素は入出力部、計算部そして記憶部である。記憶部にはプログラムやデータが記録され格納される。

問題は内部記憶として利用される、現在では一般にメモリーと呼ばれている半導体素子の価格である。当時はこのメモリーの価格が極めて高かった。だから価格の面からコンピューターにたくさんのメモリーを使うことができなかったのだ。

この問題*に関して、ノイマンは驚くべき着想を持った。プログラムとデータを同じメモリー内においてもコンピューターは機能できるということである。

実は、彼が思いつくまでは、プログラムとデータは全く別物なので、別の器に入れておくのが自然であり便利であると当時の科学者はそう考えていたのである。例えば１９４４年に作られた電気機械式の計算機、ハーバードマーク1では、プログラムは紙テープに保存され、データは電磁機械的な装置（リレー）を利用して格納されるようになっていた。

しかし、彼は同じメモリーの中を区分してプログラムもデータも一緒に入れるということを提案した。こうすることにより無駄が省け、高価なメモリーを効率よく使えるようになった。こういうわけで、現在のコンピューターはすべてこのやり方を引き継いでいる。現在の普通のパソコンはフォン・ノイマン型

＊　だから、メモリーをあまり使わないように、いかに効率の良いコンパクトなプログラムを作るかは、この当時のソフトウェア作成に関する課題のひとつであった訳である。

コンピューターであると呼ばれる所以である。

現在では半導体の値段も安くなったので、もし新たにコンピューターをゼロから設計するならば、プログラムとデータを物理的に別々の器に入れておくという構造とすることもできるだろう。しかしそのための新しい設計をするには時間もコストもかかるし、これまでの仕組みと変えることにより、過去のプログラム資産が利用できなくなることやハードウェア設計の知見も使えなくなる等、あまりメリットもないので、研究は行われているが[1]まだ普及はしていない。

さて、このメモリーの中に、プログラムとデータが混在しているということは、コンピューターに逃れにくい大きな弱点を作り込んだということを意味している。

データ入力の際にその入力の適否を厳密に行わないと、悪意を持った者は、データを格納すべきメモリーのある領域に、データを装ったプログラムを入れることができてしまうからだ。そして、少し工夫をすると、コンピューターはデータとして入力されたこの悪意あるプログラムを実行してしまうことがありうる。そうすると、そのコンピューターで持ち主の全く与り知らぬプログラムが動くということになり、そのコンピューターは悪者に乗っ取られたということになる。実際にそういうことが近年でも起こっている。*

＊　例えば、ＳＱＬインジェクションと言って、データベースを制御する言語の弱点をつき、項目名や数字のようなデータの代わりにプログラムを入れ込むという攻撃手法がある。

こうして、コンピューターはその黎明期に、その構造中に本質的な弱点を抱え込んでしまったのである。現在の普通のコンピューターは皆この構造を有している。これを「フォン・ノイマンの呪縛」と言う。

◉プログラム上の問題

さて、論理的で一見、間違いを犯さないように見えるコンピューターも、結局はプログラムと呼ばれる計算等の手続きを記述したソフトウェアで動いている。その手続き、すなわち問題を解くための手順を考え、それをプログラムとして記述するのはもちろん人間である。

人間が書いている以上、つねになんらかのミスがありうる。それは、単純なタイプミスのような些細なものから論理的な誤り、そして入力に対する想定外まで多種多様である。このような悪意のない間違いや見落としは普通、バグと呼ばれる。[*] ちなみに、意図を持って最初からプログラムになんらかの欠陥を仕込んでおく場合もあり、これはバックドア（裏口）[**] と呼ばれている。

これらのいろいろな欠陥から生起するコンピューターの弱点を脆弱性と呼び、これが悪意を持って意図的に利用された場合にサイバー攻撃の糸口となる。

ここで、脆弱性をさらに具体的に説明するために、一例として次のような問

＊　バグとは英語で「虫」のこと。昔、コンピューターが止まったので中を開けてみたら本当の虫が中で蠢いていて動作を止めていたことがあったという故事にちなんでいるらしい。

＊＊　もちろん、バグが意図せずバックドアになるということはある。

題を示そうと思う。

割り算のプログラムである。A÷B＝Cというようなものだ。たぶん、こんな風に記述するのではないか。

> Aを入れよ。
> Bを入れよ。
> A÷Bを計算して、その結果をCとせよ。
> Cを表示せよ。
> おしまい

これで良さそうに見えるが、実は駄目である。もし、Bに0（ゼロ）を入れたら、結果は無限大になる。コンピューターは無限大を扱えないので、もしこれを実行させればメモリーが溢れてしまいシステムダウンを起こす。

このプログラムを作ったプログラマーは無能だったのだろうか？　いや、実用上、実社会で割り算を必要とする事例が起こった場合、割る0という問題は発生しない。もしかすると、このプログラマーは、プログラムの問題を見つけるためにテストデータを大量に作り、実際に計算させてみて問題が発生しないか調べたかもしれない。しかし、そのテストデータの中に0はなかっただろう。そのような数値は現実には入力としてありえないからだ。つまり、0という入力はこのプログラマーの想定外であったわけだ。

どうすれば良かったというと、Bに対する入力を受け取った後、その値が0だったらエラーを返すようにとチェックのための1行を追加しておけば良かったのである。今ではどんなコンピューターのソフトでもそうなっている。

攻撃者から見れば、もしBが0では駄目だというチェックがプログラム上なく、それに対して意図的に0を入れれば攻撃成功ということになる。これが脆弱性に対する攻撃なのである。言い換えれば、想定外の入力に対する油断が脆弱性であると言っても良い。

たった5〜6行のプログラムでもこのような油断がありうる。現在、OSなどは5000万行ほどあり、それも所詮人間が書いている以上、なんらかのミスや見落としは必ずある。つまりソフトウェアに脆弱性は必ずあるということになる。また、このような想定外の入力には、人間によるものだけではなく、API[*]利用のソフトウェアからのものもあるということも指摘しておきたい。

さて、このような脆弱性は、発見されると、その部分を修正するための小さなプログラム、いわゆるパッチというのを当てて修正され安全性や安定性が高

＊ アプリケーションプログラムインターフェイスの略語。プログラミングの際に使用できる命令や規約、関数等の集合、その利用に関する約束事。前に作られ、もともとあるプログラムを呼び出し利用することでソフトウェア開発を合理化できる。

まるようになる。パソコンを使っているとアップデータなるものがネット経由で送られてくるのはよく知られている。これは本当に機能をアップする場合もあるが、脆弱性を修正するためのパッチである場合も多い。こうして、脆弱性には修正パッチが当てられて、だんだんプログラムは安全かつ安定したものになっていくわけだ。

しかし、このようにしてソフトウェアが時間とともに安全で安定したものになったその頃には、同じような趣旨の、しかし新たな機能等が追加された新しいソフトウェアが発売になり、我々はそれに買い替えるように促される。そして、このソフトウェアが最初から完璧ということはありえないので、また脆弱性のあるソフトウェアが利用されるようになる。このようにしてソフトウェアの脆弱性の問題は永遠に続くことになる。

さらに、これはソフトウェアだけの問題ではなく、ハードに関しても同じような危険性がある。つまり、コンピューターを構成する物理的な装置やその構成部品、例えばＬＳＩ等の半導体素子自体がその設計や実装に欠陥を持っていて、それが攻撃の対象になることもありうるし、*最近では、半導体素子自体にあらかじめ、悪意のはいったロジックをわざと入れ込んでおくというサイバー攻撃も実際に考えられている。これは第２章で述べたキルスイッチと呼ばれる

＊　つまるところ、これら電子部品も人間が設計したものである限り、回路になんらかの間違いが含まれている可能性は否定できない。

ものだ。

(2)　インターネットとその問題点

◉インターネットの本質

インターネットの本質はバケツリレーである。パケットと呼ばれている細切れにされたデータの電子的な塊がインターネット上に放たれ、それはインターネットを構成するたくさんのサブシステムであるたくさんのネットワークの間をバケツリレーの要領で伝搬されていく。同じようなバケツリレーの仕組みを使うシステムに郵便がある。これも人が書いた手紙をポストにいれ、それを集配人があつめ、局へ運び、その局から別の大きな局に移送され、次々といろいろな人の手を経ながら目的地に運ばれ、最終的に宛先のポストに投函されるという仕組みだ。

ところで、郵便システムは大勢の人に信頼されているが、それでも大事な手紙であれば、我々は封筒を使う。とても大事だと思えば書留にするだろう。しかし、インターネットのメールの利用にあってはどうだろうか。郵便と同じように重要なものであれば、それを暗号化して送付すれば良いはずだが、ほとんど誰もそうしてはいない。そもそもインターネットには、暗号化のためのＳ／ＭＩＭＥ*という仕掛けがあるのに、これもまたほとんど使われていない。最近やっと、いくつかの通信事業者がＴＬＳ（Transport Layer Security）と呼ばれる安全な仕組みを利用するようになった。しかし、これでも、端末から通信事業者のメールサーバーまでは暗号化されているが、そこから先の別の通信事業者にメールが送られれば暗号はなくなってしまうし、そもそもその通信事業者はやはりメールの中身を見ることができることに変わりはない。

陰謀論ではあるが、実は世界にはメールを盗聴している人たちがいて、彼らから見ればメールに暗号がかかっていると扱うのが面倒である。そこで、それとなく企業にメールソフトウェアに暗号機能を載せないように圧力をかけているのではないかと考えている人もいる。実際、２０１０年のＧＣＨＱ（政府通信本部、英国の諜報機関）のある文書には「時間とともに情報の流れが変わり、暗号化が当たり前になれば、同盟国の情報収集能力が後退しかねないと警告している」と、世の中の文書が暗号化されて行く事に懸念を表明しているものもあるとのことであるし、ＣＩＡの元職員であったスノーデンが暴露した米国の諜報関係のレポートには「米国内外のＩＴ企業を積極的に巻き込み、彼ら

＊　インターネットメール用ソフトウェアに暗号技術を使ったセキュリティ機能を提供するもの。認証、通信文の完全性（改竄防止機能）、発信元の否認防止（デジタル署名）、プライバシーとデータの機密保護ができる。その他にも単独の仕組みとして、ＴｏｒＭａｉｌのように発信者を秘匿してメールのやり取りを行えるソフトウェアがある。

の商品設計に密かに影響を与え、これを公然と利用する」とあるとのことである。[2]こうすると、あながち陰謀論に基づく根も葉もない噂とは言い切れないものを感じる。

◉インターネットにはなぜ問題があるか

さて、このインターネットがもともと米国の軍事研究に基づくものであったという話は有名である。それは将来の核戦争を想定し、米国本土が核攻撃を受けた場合に連邦政府と州政府の間の通信が切れるような事態を避けるための通信ネットワークの仕組みを作ることであったという。もちろん、その当時から確実に繋がる通信ネットワークの研究をしていた科学者たちもいたので、インターネットの発祥は軍事研究がすべてであるとまでは言えないが、軍の要望がその発明の大きなトリガーであり、少なくとも彼らがこのような研究に対してお金を出していたことは間違いない。

さて、この計画の担当者はとても良い人であったので、研究にお金は出したが口は出さなかったらしい。また、研究者たちも良い人たちだったので、本来、軍のシステムであれば、当然、検討されるべきであった通信者相互の信頼性の確保とか通信文の安全を守るというようなことにはあまり目がいかなかったようだ。そのために、初期のインターネットは、それに係る人が相互に信頼でき信頼し合っているという（暗黙の）前提のもとに機能する設計であった。

そこに送受されるパケットを途中どこの誰が扱っているかを確実に確認するための仕組みはなく、また、途中の人が勝手にその内容を見ることを禁止する仕様にもなっていない。また、発信者への経路をたどる確かな仕組みもなく、使用者をしっかりと確認することもできない。それどころか、簡単に他人になりすます事もできるし、経路を暗号化して複雑にするソフトウェアを利用するなどして発信者自体が誰であるかを秘匿することも簡単である。

インターネットは正直者のネットワークシステムとして誕生し、そして、それがそのまま大きくなり、今では社会の重要なインフラとなってしまったのだ。逆に言えば、このネットワークには、悪人がこれを使うかもしれないという可能性が考慮されていなかったということである。

このような訳で、現在、インターネットを犯罪に利用した犯人を捕まえることがなかなかできない。こうしてインターネット上で、悪人はやりたい放題というわけである。

2 サイバー兵器

サイバー攻撃では、いわゆるハッキングのように人間が自らコンピューターを操作して敵のシステムを攻撃する。その際、そのために特別に作られたソフトウェアを利用する。それらは普通、ツールと呼ばれ、民間においてもハッカーがシステムに侵入するために利用しており、表の世界、裏の世界、有料無料、いろいろなものが出回っている。そのようなソフトウェアの例の一部は第2章でも述べたところである。

しかし、他にもサイバーならではの攻撃要領として自動化された攻撃の方法がある。自立型のマルウェア、いわゆるコンピューター・ウイルスを利用する方法だ。

爆弾を運ぶ航空機も爆弾それ自体も、どちらも兵器と呼ばれるように、サイバー攻撃のためのツールも自立型のマルウェアも、いずれもサイバー兵器と呼んでよいのだろうが、本書では以下、後者のマルウェアを狭い意味での「サイバー兵器*」あるいは「兵器級のマルウェア**」と呼ぶことにする。

＊ かつてＡＢＣ兵器という言葉があった。それぞれAtomic（原子力）兵器、Biological（生物）兵器、Chemical（化学）兵器、の頭文字からなる言葉である。これにちなんで、サイバー兵器をＤ兵器つまりDigital兵器と呼んでいる人がいる。こうすると確かにＡＢＣＤ兵器として並びが良い。

＊＊ その特徴のひとつは攻撃が失敗しないように何重にも仕掛けがしてあることだ。一方、兵器級に対応する「犯罪級のマルウェア」は基本的に、攻撃してダメだったら他を狙うという安い作りである。

さて、マルウェアは、その性質を大きく「感染方法」と「機能」に分けて分析することができる。どうやって相手のシステムに入り込むかと、そこで何をするかは別のことだからだ。以下、基本的なマルウェアの性質について述べる。

(1)　感染方法による分類

まず、マルウェアを感染方法により分類し名称をつけるとすると、以下のようになろう。

◎既存のソフトウェアに寄生し、その動きを利用して感染を広げるもの　→　ウイルス
◎独立して自立的行動を行うもの　→　ワーム
◎何か役に立ちそうなソフトウェアやデータのふりをしてユーザー自ら取り込ませるもの（パッチやソフトウェア更新データになりすましてくる場合もある）　→　トロイの木馬
◎そのウェブを訪れると感染するもの　→　メデューサ*

＊　これは私の命名である。見ただけで「おしまい」なのでギリシャ神話の魔女にちなみこう名付けた。

◎ハードにあらかじめ仕込まれているもの　→スリーパー*

それぞれ攻撃者にとっての利点と欠点があるが、最近の民間でのサイバー事件では、ウイルスやワームによる犯罪は減っており、トロイの木馬的なものが多用されている。これは標的型メール攻撃に代表されるように、無害に見える添付資料などにマルウェアが潜んでいるというパターンである。ユーザーが自ら開いてしまうので、アンチウイルス等による自動化された防護・対処は困難である。というのはアンチウイルスソフト＝番人は外から入ってこようとする者は警戒するが、内部の者が何かを持ち出そうとしても、それを見逃しやすいからである。

またこれらのマルウェアはアンチウイルスソフトの検知を乗り越えるために、暗号化しておくなどの工夫もされている。そもそも、攻撃者は一般的に町で販売されているようなアンチウイルスソフトは事前に手に入るので、少なくともそれらに対しては検知されないことを確認してから攻撃してくると考えられる。こうなるとアンチウイルスソフトでマルウェアを確実に検知できると期待することはできない。

次のメデューサは、一般的には「水飲み場攻撃」として知られている。犯人

＊　諜報の世界で、一般人になりすまし何かあるまで何もしないで潜んでいるスパイのことをこのように呼ぶ。

が用意したホームページに罠が仕掛けてあり、それを見に来る人を待ち構えている。もし見に来たのが狙った相手の場合は、マルウェアをダウンロードさせるという手法が多用されている。この際、狙った相手でなければそのままにしておくことでターゲットを確実に攻撃するとともに、世界中のアンチウイルスメーカーなどによるマルウェアの探索からも逃れることができる。

ただ、軍事的な観点で考えると、防衛関連の内部システムのユーザーが外部からのメールをチェック無しに受け取って、その添付書類を安易に開いたり、外にある一般のホームページを勝手に見たりして、それにより感染することは少ないと思われる。通常、内部システムは外部のインターネットと直接繋がっていないからである。

したがって、軍事的なシステム侵入に関して言えば、最初は、ＵＳＢメモリーの持ち込みや無線区間からの侵入、あるいは、もっと直接的に捕虜の獲得により正規ユーザーとしてシステムに加入したり、装置の奪取とすり替えをしたりすること等から始まるのではないかと思う。そして、その後、ウイルスやワーム等のサイバー兵器が内部で感染を広げるというかたちになるのではないだろうか。

(2) 機能による分類

次に、それぞれのマルウェアの保有する機能としては以下のようなものが考えられる。まず、大きな区分として相手のソフト的な機能を攻撃するものがある。そして、これまではあまりなかったが、これから注意すべきものとして、スタクスネットのようにハードを攻撃し、その機能発揮を妨害したり破壊したりしようとするものがある。

分類するとすれば以下のようになろう。

◎システム自体あるいは関連する物理的目標の性能低下、混乱、停止あるいは破壊を図るもの　↓　論理爆弾

◎情報収集を目的とするもの　↓　スパイウェア

これらは、仮に感染方法が同じであったとしても、攻撃者の目的、意図が何かによっていろいろ変わるということに注意してほしい。

また、これらの機能も決められた時間が来ると自動的に機能発揮（発症）す

るものから、外からの信号に応じて発症するもの、あるいは、コマンド・アンド・コントロールサーバー（C２サーバー）[*]との通信が切れたら発症するなど、いろいろ考えることができよう。

さらに付随的な機能として、

◎検知されないように隠れるもの
◎自分自身をバージョンアップしたり、発見されにくいように形状を変えたりして行くもの
◎いったん消去されても復活するもの
◎逆に、用が済めば、自分自身を消去して痕跡まで消してしまうもの

なども考えることができる。当然、複数の機能を併せ持ち、状況に応じてその性質を変えるものもあるはずである。

＊　外部にある攻撃者側のサーバーのこと。この言葉は一般にはボットネットの指令サーバーを指すことが多い。侵入に成功したマルウェアも、可能であれば外と通信を行い、得られた内部情報を攻撃者に送信したり、マルウェア自体のバージョンアップができたりすれば有利である。

(3)　特徴と問題点

◉兵器級のマルウェアは安価である

兵器級のマルウェアは、膨大な人員（技術者だけではなく、目標に関する情報を集めるための要員も含まれる）と資金を投入し、時間をかけ、組織的に開発される。つまり特注品ということになる。しかし、最近は軍用品にも一般のハードやソフトをそのまま使う場合が多くなっているので、民間ベースのマルウェアも依然、利用できるし、場合によっては、それでも十分に効果があると言える。

なお、現在、最強の兵器である核兵器を製造するには多額の費用と時間を要する。貧者の核と言われた化学兵器でさえも、その裏には大規模な化学工場が必要だし、やはり大きな費用がかかる。それに比べればサイバー兵器・兵器級のマルウェアを作成することはかなり安い。

◉賞味期限がある

さて、敵のシステムの脆弱性などを探り出し兵器級のマルウェアを作っても、その後、運用者がその使用を決心した時には、すでにかなりの時間がたっているであろう。そうすると、その時点では、目標としたソフトウェアに脆弱性を塞ぐパッチがあてられた後であったり、バージョンがアップしたりしているかもしれない。そうなれば、せっかく作ったこのマルウェアも役に立たないということになる。このリスクは時間と共に増大する。言い換えれば、兵器級のマルウェアには「賞味期限」があるということになる。

◉効果が不明確

この賞味期限切れという危険を減らすためには、本格的な使用の前に、どこかで試験的な攻撃をやってみる必要がある。しかし、事前に試すと相手の注意を引き、それにより攻撃に利用した脆弱性を検討され対応されてしまうかもしれない。つまり、前もって兵器級のマルウェアを試してみることは極めて実行しがたいと考えるべきだろう。

また、実際にどこかで使えば、それは必ず発見され解析されて、攻撃に利用した脆弱性は塞がれて二度目はないということにもなりそうである。つまり、この兵器の使用は、ぶっつけ本番しかないのかもしれない。そうすると「事前の試用ができない」という特徴を持つことになる。やってみなければ、その効果がわからない兵器、これは指揮官にとっては問題が大きい。

ただし、こうも考えられる。解析されるとしてもそれに多大な手間と時間がかかるとすれば、戦術レベルでは構わないのではないか。解析され対応ができるようになったときには、すでに目的を達しており、攻撃側は新たな手法による攻撃の段階に移行していれば良いわけだ。このために、解析にかかる時間を稼ぐとすれば、それは兵器級のマルウェアのプログラムに解析妨害機能を持たせるということである。それはプログラムの難読化やこのソフトウェアを目標以外の環境では動かないようにするとか、現在でも一部の民間のマルウェアが持つようになってきている機能・性質が利用できそうである。

◉味方を攻撃しかねない

その他の兵器級のマルウェアの問題点に、敵のシステムが商用の汎用技術等を使っていれば、その同じ技術を味方も何処かで利用している可能性があり、この場合は漏れ出たマルウェアは味方のシステムを攻撃しかねない。これは困ったことになる。

ところで、私案であるが、兵器として具備すべき一般的な要件は次のようになるのではないかと考えている。

◎希望する時期と場所で確実に期待する効果を発揮すること
◎不使用時には安全に取り扱え、保存・備蓄が容易なこと
◎操作が簡単で教育に要する手間が少ないこと
◎構造が簡単で製造や保守が容易なこと
◎期待効果に対し安価であること
◎敵による対処・対策が困難であること
◎望ましくは、それが敵の手に落ちても敵による利用が不可能であること

兵器級のマルウェアはこれらの条件を満たすだろうか？

当面は兵器級のマルウェアが主たる攻撃兵器になることはないと考える。前述のように予想される成果が想定しにくく曖昧なことでは、指揮官としてそれに作戦の成否をかけることはできないからである。しかし、通常の攻撃に伴って兵器級のマルウェアを利用することで敵の混乱を作為し、主たる攻撃の効果を何倍にもするということは充分に考えられる。

それでも、もし、兵器級のマルウェアが作戦成功の鍵である場合は、かなり

周到な事前の準備を行った上で、何が起こってもうまく行くように多岐にわたる機能を持たせる必要があるということになる。第3章で取り上げた「スタクスネット」は、まさにそのようなものであったと考えられる。これには複数の異なる強力な感染機能や、いくつもの違った種類の攻撃機能が組み込んであった。

そして将来的には、主たる攻撃兵器になる可能性がある。ここで述べたような問題点を克服し効果的な兵器として生まれれば、それにより原発システム、基幹金融システム、大量破壊兵器管理システムなど、致命的なシステムが乗っ取られ、対処不可能な場合、勝負あったとなり、それのみで戦争目的を達成しうる可能性があるからである。

3　ハッカーとサイバー戦士*

サイバー兵器の次に扱うのは、人間の問題である。民間ではハッカーと呼ばれる特殊な人々がいる。次の戦争ではこれらの特別な能力を持った人々も戦闘

＊　ここでは広い意味で戦う人々のことをそう呼ぶことにする。

に参加することになると言われているが、ここではその問題について述べる。

(1) ハッカー

ハッカーと呼ばれる人々がいる。この名称は一般には悪い意味で使われることが多いが、もともとそれは悪い意味ではなかった。単に、技術的に飛びぬけた発想を持った優れた人たちをさす言葉であった。

私の理解している最初のハッカーは、電話フリークと呼ばれる米国の若者たちだ。その中の有名な人にキャプテンクランチがいる。１９７０年頃、キャプテンクランチというお菓子が売られていた。彼はそのお菓子におまけで付いてくる笛を吹くと電話料金をごまかせることを発見した。その後、彼らの間で電話の「ただがけ」がブームとなり、いろいろな工夫がなされたという。

なぜ笛を吹くと電話料金が無料になるのか？　電話システムは当然、音声（正確には音声の帯域）を流すように作られているが、その際、課金に関するようなシステム制御信号も、人間に聞こえる音声の帯域を利用しているからだ。

しかし、私がここで言いたいのは、技術上のことではない。キャプテンクランチは、なぜ、「電話機に向かって笛を吹いてみる」ということを思いついたのだろうかということなのだ。その答えは、彼は普通の人と発想が異なるということになる。このようにハッカーは普通とは少し違う考え方のできる人だ。

また、こういう人々は物事に対して異常な執着心を持つ場合もある。普通の人ならちょっと思いついて試しても駄目ならすぐにあきらめて忘れてしまう。ところがハッカーという人種はそうではない。それでいて、お金にはあまり頓着しないことも多く、彼らのモチベーションは主に好奇心であったりする。だから、まじめに教科書を読み、先生の言うことを素直に聞いて勉強にいそしんでいたような人には、優れたセキュリティ技術者はいてもハッカーはあまりいないのではないかと私は思っている。まじめ一本やりでは自由で型破りな発想はなかなか生まれないからだ。

こう考えると、善玉ハッカーは例外的存在であるのかもしれない。なぜなら、権威や常識にとらわれず、組織の枠にも、はまらないで行動するのが彼らの本分であるとすると、そういう人には善も悪もない、好奇心があるのみだ。もちろんこのことはハッカーが必ず悪人だと言っているのではない。善悪という観点で物事を考えない人たちだというだけである。

第1章で戦争に勝手に参加する人のことを書いたが、このような人々の一部はおそらくハッカーであり、面白がったり知的な興味から勝手に戦争に参加していたのではないかと思う。

(2)　サイバー兵士

兵士は、軍事組織の一員として己の地位役割を理解し適切な行動を取るとともに、つねに上官の命令に従わねばならない。さて、これはハッカーの資質としてはどうだろうか。おそらく兵士としての必要な性質とハッカーとしてのそれは両立しにくいのではないかと思う。このような訳で、組織化されたハッカー軍団が登場してサイバー戦を戦うというのは私にはなかなか考えにくい。一般的なサイバー兵士は、きちんとした環境のもと、優れた教官に指導され育てられた、高度な技術力を有するプロのセキュリティエンジニアたちなのだろう。

しかし、だからといって、サイバー戦を戦うにあたり、これらの優れたセキュリティエンジニア要員だけで間に合うかというとそれは難しい。通常の戦争でもそうだが、奇襲と言って、敵は相手が思ってもみなかったような、時期や場所、手段で攻撃してくるものなのだ。サイバー戦でも当然、奇襲はありうるわけで、それは技術的奇襲や発想的奇襲ということになりそうである。とすると、やはり飛び抜けた考え方をする者もサイバー部隊には必要だ。つまり前述のハッカータイプの兵士もやはり組織としては必要ということになる。

このように考えると、おそらくサイバー部隊というものは、現在の軍隊の部隊組織と似ていて、きちんと統率され集団で戦う正規軍部隊員と、少数で隠密に行動する優れたメンバーからなる特殊部隊員という構図の相似形になるように思う。つまり、サイバー兵士は、きちんと行動できる大多数の正規サイバー戦部隊員と際立った能力を保有してはいるがあまり統制を受けず独立して行動する少数のサイバー特殊作戦部隊員という、そういうかたちになるのではないだろうか。

サイバー兵士の項目の最後に人材育成に関することを少し書いておきたい。人材育成に関してはそれだけでひとつの項目となり、私なりの意見もあるので別途、機会をみて書くつもりであるが、ここでは、一点だけ指摘しておきたい。サイバー兵士の育成については議論がなされているが、それでは、サイバー将校やサイバー将軍の育成についてはどうなっているのかということである。どうも一般的な議論がサイバー技術を直接扱う技術者の育成にばかり目がいっているような気がしてならない。今後、サイバー攻撃対処にあたって、全体をマネジメントする人間の育成を視野にいれた議論が必要であると考えている。

(3) サイバーゲリラ

21世紀にサイバー技術を持って戦争に加わるのは、サイバー兵士だけではないかもしれない。

まず、優れた技術を有するハッカーが軍隊の組織に属することなく、独自に戦うということが考えられる。そのモチベーションはそれぞれであり、愛国心、お金、主義主張、あるいは、単なるノリの問題か、いろいろあろうが、それゆえに、彼らの行動は予測をすることができず極めてやっかいな存在となるだろう。このようなケースとしては、ロシアのジョージア侵攻の際におけるロシアのハッカーたちの活動が知られている。これについては第3章でその様子を述べたところだ。

次に、一般の民間人である。第1章で、サイバー技術を使うことで、自らの意思で戦争に参加し、サイバー技術を持って戦う民間人が現れるであろうと書いた。この人々は必ずしも特別な技術を持っている訳ではないが、少なくともパソコンが使えネットを利用することのできる知識を持った、国のために戦おうという意思を持っている人々である。目的が明確であれば、現代のインターネットにはサイバー戦争に参加するために必要な知識や手段はたくさんある。優れたハッカーがこれらの人々を指導して戦うということもあるかもしれない。

これらの人々をサイバーゲリラ（サイバーパルチザンあるいはサイバーレジスタンスでもいいかもしれない）と呼ぶことにしよう。21世紀は、彼らが活躍する時代になると思う。

しかしサイバーゲリラには問題もある。まずは戦争法規上の立場である。現代の陸戦法規では「交戦者資格」というものがあり、この資格要件をサイバー攻撃する人間が満たすかどうかというと、難しいと思われるからだ。この件に関しては第5章で記述する。

そして、作戦上の実際的な問題もある。彼ら自身は愛国心に燃え、国のために戦っていると信じているのだが、その活動は必ずしも軍にとって有益なものばかりとは限らない可能性がある。つまり彼らの行動が統制されていない場合、軍自身の周到なサイバー攻撃に関する計画を乱し、軍によるサイバー奇襲の効果を台無しにしてしまったり、軍の使用しているネットワークを彼らの無秩序な使用により混雑させて、かえって軍の行動を阻害したりするようなことも考えられるからである。

(4) サイバー民兵

その他のサイバー戦士に関する最近の各国の動きとして、民兵制度の活用がある。民兵とは、国によりその定義や扱いが違うのだが、ここでは、一例として、中国人民解放軍のサイバー民兵について述べる。

中国には以前から民兵制度があった。中国の民兵は、正規軍の補助的役割の他、軍が表に出にくい場合に利用することがあるとされている。

有名な例として、２０１０年に、尖閣諸島を巡る日中の争いの中、中国の漁船が日本の海上保安庁の巡視船に体当たりするところがテレビに放映され、我々はおおいに驚いたものである。普通、民間人は外国の官憲が来れば逃げるものである。ところが、映っていた「中国人漁師」は、異常に気合いが入っており海保の船を恐れるでもなくむしろ自ら当ててきたように見えた。

おそらく、この人々がいわゆる中国の民兵組織のひとつである海上民兵なのではないかと考えられる。通常は生業たる漁業をしているが、定期的に軍事訓練を受けており、武器を船舶内に保管しているともいう。いざとなれば軍の指揮下で行動する人々なのである。

今、中国ではこの民兵の活用がはかられているようである。いっこうに戦力化が進まない（だろう）正規軍のサイバー戦部隊より、大学、ＩＴ企業を丸ごと民兵化し、組織化して、人民解放軍の統制下におき、軍の補助として利用するほうが手っ取り早く合理的だと考えたようなのである。これは私の想像だが、民兵化される企業としても、国のお墨付きで、訓練と称して外国企業の技術情報を収集することができるとすれば、それはそれで彼らにとってもメリットがあるということなのかもしれない。

これからは、このような民兵タイプのサイバー戦士も増えていくに違いない。

(5) サイバー傭兵

さて、サイバー兵士は軍の所属であり、サイバーゲリラやサイバー民兵は一般人が必要に応じてサイバー戦を戦う者たちであったが、これからは、もうひとつのタイプのサイバー戦士が生まれるだろう。サイバー傭兵である。すでに犯罪の世界では、マフィア等が心の曲がったプログラマーを雇ってマルウェアを作るというのが普通に行われるようになってきているようであるが、軍事の世界でも似たようなことが起こると考えている。

現代でも、民間軍事会社と名前を変えてはいるが、正規軍を投入できないような作戦に使うため、あるいは高度な戦闘技術が期待されているような特殊な場合、そしてマスコミの目をくらましたい場合等、傭兵は我々の知らないところで活動しているという[*]。

一般的に、傭兵は必要な時にだけ雇えば良いので恒常的な人件費がかからない。そして、費用に応じるとはいうものの、高度な技術が期待できる。状況によっては万一の場合に傭兵との関係を否定できる。これは秘密作戦をしようという国家にとっては、とても都合が良い。

このような理由から、今後、外国政府機関等がサイバー傭兵を多用することになるのではないかと考えられるわけである。

＊「民間軍事会社は、所謂、傭兵とも意味が違う最近の概念である」として、これらを区分して取り扱う論者もいる。

(6) 民間企業等の役割

最後に、サイバー戦ならではの一般民間企業等の役割について触れておきたい。傭兵ではなく、もちろん民兵でもない、ごく普通のＩＴ企業の人々の戦争への参加に関してである。

これらの民間企業の支援なしに軍隊がサイバー作戦を行うことはできない。システムの開発、生産、納入、維持、運営等、多くを軍隊は民間企業に依存している。今日、米国軍のサイバー戦部隊は、その運営のかなりの部分を民間業者に依存しているのはよく知られている。これらの業者は場合によっては専門家としてサイバー戦の中心的な役割をしているという話も聞く。

そうすると、このような一般的な民間企業が戦争に直接／間接に関与することとなり、第5章で取り上げる交戦者資格の話に始まり、グローバル企業の国家への忠誠の問題など、今後、注目すべき課題がある。当然だが、まだ国際的な議論はこれからである。

さらに、第1章でも触れたが、ＣＥＲＴはどうなるのだろうか。もっと言えば、普通の電気通信事業者のネットワーク監視要員は、戦争にどう関わるということになるのか。今後の検討事項である。

4　人工知能の利用

最後に、少し違う種類のサイバー兵器と戦士について書いておきたい。それは人間ではなく、人工知能を利用したサイバー兵器・戦士だ。ＳＦの世界では、知能を持った機械が人間を攻撃するというのはありふれたテーマである。[3]映画では『ターミネーター』という名作がある。

しかし、それが本当になるかもしれないという議論はすでにあるのだ。これはシンギュラリティと呼ばれている概念の中で扱われている。

(1)　シンギュラリティ

２０４５年問題と呼ぶ人もいる。つまり、現在の速度でコンピューターの能力が向上していくと、やがて人間を追い越すであろう、*それが２０４５年頃だ

＊　単純に能力が上がるという話ではなく、自己を改良することのできる人工知能のフィードバックループは短期間で爆発的な進歩を遂げて人間を超越した知能になるだろうと考えている論者もいる。

という話である。コンピューターが人間の能力を上回ってしまえば、ハッカーもウイルスもあったものではない。そもそも我々の社会が大変革をしてしまうので、サイバー戦争の議論自体が置いていかれてしまうのではないかと思う。したがって、このシンギュラリティについては、関連する図書等[4]を見てもらうことにし、ここでは、その少し前、といっても、現代からそれほど遠くない将来の様相について述べたい。

(2) 機械学習の利用と人工知能

現時点でも、圧倒的な攻撃者の優位性に対抗するために、例えば、ビッグデータの利用などが唱えられており、その中で、機械学習と言われている分野がある。膨大な量のデータを解析するのに、あらかじめその性質がわかっていれば、それを分析するためのプログラムを書くことはできる。

しかし、データがあまりに複雑多岐にわたった場合、普通のプログラマーの考え付かないような多様な種類の内容が溢れることが予想され、このような「場合分け」を含んだプログラムは人間では書くことができないかもしれない。考えつかないことをアルゴリズムに組み込むことはできないからだ。そこで、機械自体に学習させて分析方法を機械自ら開発させることができればということになる。

この新しいプログラムは、人間では見つけられないような特徴を抽出できる可能性がある。そして、これが進めば、やがて、人工知能的な考え方があらゆる方面で期待され、必要とされるようになるであろう。

人工知能は不可能だろうか？　論者によっては、人が作る以上、人を超えられるはずはないという。

昔、人は鳥が飛ぶのを見て空を飛びたいと思った。最初は鳥の飛ぶ様子を真似て羽ばたき飛行機を追求したがそれはうまくいかなった。結局、固定翼とエンジンの利用で空を飛ぶことを実現し、現在は飛行機の方が鳥より早く高く遠くまで飛べるわけだが、では、考える機械はどうだろうか。

人工知能を実現するために、最初はニューラルネットワークと言って人間の脳の働きのアナロジーを目指すところから研究は始まっていた。しかし、現実に今、我々が利用しているシリコンのコンピューターは違う原理で動いており、それでも思考らしいことを行うようになってきている。それでよいのだと思う。コンピューターもそうなる。そのように私は考えるわけである。

そもそも知能とはなんだろうか？　それを述べるのはこの本の範囲を超えるが、簡単に私の認識を記しておく。

それは、過去の経験を将来に活かせる能力だ。そのために、得られた情報を抽象化する、貯めておく、取り出すの3つが必要となる。

あるいは、目的を自ら考え出す能力だという定義もあるかもしれない。このように考えると、人工知能は以下の4つに分類できると思う。

①教えたことはできる（教えたことしかできない）
簡単なもの　→温度が上がればスイッチを切るなど
複雑なもの　→探索や知識の利用。簡単な将棋のソフトウェアなど
②学習できる
やり方を教えれば、ある程度、問題を解決できる。高度な将棋ソフトウェアなど
③自らが学ぶことができる
やり方を教えなくても自動的に学んでいくことができる
④自分より優れたＡＩを生み出せる
プログラムを自ら行い、自らを改善していける

このような人工知能は、やがてサイバー兵器・戦士として利用される可能性がある。もちろん、これは『ターミネーター』を見直すまでもなく危険な可能性を秘めている。人間がコントロールできないサイバー兵器・戦士が誕生しても大丈夫なのだろうか。仮にその知能が人間にはまだ及ばないものであっても十分に危険な気がする。ネットワーク上に拡散されてしまった敵対的な人工知能プログラムは、駆除することが極めて困難となろう。

このように考えると、現在、無人兵器禁止の条約を作ろうという動き等*は遅すぎるし焦点がずれているようにも思えるのだ。無人兵器を動かすもの、それはプログラムである。したがって、必要な条約は、「人間がコントロールできなくなるようなソフトウェアの開発や保持の禁止」ということになるのではないだろうか。

２０１６年４月末、主要７か国の情報通信分野を担当する閣僚による会合が、高松で開かれた。その際、高市総務大臣は「人工知能」の開発に関して、国際的なルール作りの必要性を主張し、各国に協力を呼びかけた。その中で、人工知能が人の命や身体に危害を及ぼさないことや誤った思考回路を修正できるようにすることなど訴えたとのことであり、人工知能の危険性への問題意識

＊ 例えば、２０１３年11月15日付けサンケイニュースで「『殺人ロボット兵器』規制を初めて協議　通常兵器条約会議が開幕」の報道がなされた。最近では、２０１５年７月にアルゼンチンで開かれた人工知能国際会議で、物理学者のホーキング博士らが開発禁止の訴えを行っているが、どちらも標的の探索や攻撃判断を自ら行う小型無人機などを念頭においているようだ。

を表明した。ただ、人工知能兵器までは考えていないかもしれないので、今後のさらなる検討を期待したい。

いずれにせよ、このようなサイバー兵器の一分野である広い意味での人工知能兵器禁止に関する議論はこれからますます重要となっていくであろう。[5]

1　「脳に挑む人工知能　脱ノイマン型へ、ＩＢＭ７０年目の挑戦」（「日経コンピュータ」２０１４年10月30号ｐ40）
2　ルーク・ハーディング『スノーデンファイル』（三木俊哉訳、日経ＢＰ社、２０１４年）
3　ジェイムズ・ホーガン『未来の二つの顔』（山高昭訳、創元推理文庫　１９８３年）など
4　レイ・カーツワイル『スピリチュアル・マシーン』（田中三彦他訳、翔泳社、２００１年）
5　ケネス・ギーアーズ「戦略的サイバー・セキュリティー」（「月刊ＪＡＤＩ」、２０１３年10月号、Ｐ19）

第5章　法的問題とサイバー戦略論

本書の最後の部分はサイバーに係る理論的話題である。サイバー戦争に関する法的な問題は、いまだ未解決のものが多いが、その一部を紹介する。合わせて、これもまた、今後の研究が待たれている戦略理論について記述する。

1 法的問題の概要

今日、いたるところでサイバー技術が使われている一方、それに対する法整備は遅れている。まして、いわゆるサイバー戦争に関する法体系に関しても、やはり検討中というところである。本項では、このサイバー技術と法律の関係を、特に戦争法規を焦点として現時点における概要を記述する。

（1） 今日の社会の状況

◉一般の社会のサイバーに関する法整備の状況

今日の社会では、パソコンやインターネットを使うにあたり、それらに関する特段の知識は必要とされていない。また、パソコンにアンチウイルスソフトが入っているかどうかも法的に問題にされるわけではないし、誰でもなんの制約もなくインターネットを利用することができる。さらに、パソコンを利用したなんらかの犯罪を犯したと疑われて警察に捕まったとしても、自分のパソコンのログを調べて無罪を主張するための手段や方法も確立されてはいない。

それは交通社会にたとえれば、あたかも自動車が発明された直後の世界のようである。つまり、道路交通法も免許制度も車検制度もなく、信号機もエアバッグもなく、タコメーターもドライブレコーダーもない社会だ。

◉サイバー技術の進歩に社会は追いついていない

サイバー技術の進歩に社会が追いついていない。特に法律の遅れは著しい。日本では不正指令電磁的記録に関する罪（いわゆるコンピューター・ウイルスに関する罪）や改正不正アクセス禁止法等が整備されてきており、それなりに整備されているとはいうものの、未だ不十分な印象は否めない。また、それは知的財産の窃盗に対する扱いが、不正競争防止法において不正競争の定義と営業秘密に関する不正について記述されてはいるが、まだまだ不十分であることでもわかる。素晴らしい発明について書かれたノートが盗まれた時、今の警察の扱いは１００円のノートの盗難事件とされてしまうのではないか？　世界各国における状況もそれほど変わりはないだろう。

それでは戦争法規においてはどうであろうか。現状は犯罪に関するよりももっと遅れている。

(2) 従来の戦争法規は適用できるか

◉戦争法規にはふたつの側面がある

伝統的な戦争法規に関する理解によれば[1]、そこにはふたつの側面がある。ひとつは、ユス・アド・ベルム（jus ad bellum）といわれる、戦争を開始することの正当性やその管理に関する法律である。もうひとつは、ユス・イン・ベロ（jus in bello）と呼ばれる戦時国際法*である。前者では、武力行使とはそもそも何かということや、国連憲章で規定されている戦争に関する文言が何を意味するか等について議論がなされる。後者では、戦争や武力紛争の生起をまず前提とし、その中でいかに戦いをコントロールするか、具体的には戦争の手段や方法、合法的な攻撃対象等について議論するというものである。

前者の場合は、まずサイバー攻撃が武力攻撃に相当するのかどうかということから議論が始まる。しかし、この問題について議論する以前に、そもそも武

* しばしば戦時国際法のことを戦争法、武力紛争法、国際人道法と呼ぶが、すべて同一の法体系を示している。

力攻撃とは何かに関する多くの議論があり、それでさえ十分な結論が出ていない状況であるので、その答えは簡単には出せない。さらに、純粋にサイバー攻撃のみで国家意思を強要しようとするような事態である文字どおりの「サイバー戦争」の場合、議論はさらに困難である。もちろん、このようなサイバー攻撃のみで行われるサイバー戦争の生起する可能性は低く、むしろ、サイバー戦として、実際の戦闘行為の一部としてサイバー攻撃を伴う事態が起こると考える方が遥かに現実的であるという論者もいる。[2] そのとおりかもしれない。

このような新たな戦い方、あるいはそのための新たな兵器が合法かどうかに関する一般的な答えは、ジュネーブ条約の第一追加議定書に見ることができる。第36条に「締結国は、新たな兵器または戦闘の手段もしくは方法の研究、開発、取得または採用にあたり、その使用が（中略）国際法の諸規則により（中略）禁止されているか否かを決定する義務を負う」とある。つまり、サイバー戦やサイバー兵器が合法かどうかは、条約締結当事国に委ねられているのである。

◉戦時国際法上の問題

では、このような、「武力攻撃の一環としてのサイバー攻撃*」であれば従来

＊　２０１２年９月に、まさのこの文言が防衛省からいわゆるサイバー指針として出され、自衛権発動の要件を満たすことが確認された。（「防衛省・自衛隊によるサイバー空間の安定的・効果的な利用に向けて」平成24年９月防衛省）

の武力攻撃の延長として戦時国際法上も扱うことができるのではないかと思われるところではあるが、それでも個々の法規に照らして検討すると多くの課題があることに気がつく。

例えば、「交戦者資格」の問題である。昔、自衛隊に対する理解が少なかった時代であるが、反自衛隊の有名人がこう聞かれた。「自衛隊がいらないとして、もし外国が攻めて来たらどうするのか?」それに対する答えは「市民一人一人が武器を持って戦う」であった。

駄目である。そんなことをしたら、一人残らず戦争犯罪人となって死刑となる。戦争を行うにも約束があり、そのひとつに、「戦闘を行うには、それにふさわしい資格を必要とする」というものがあるのだ。これを交戦者資格という*。この規則を簡単に書くと以下のようになる。

◎責任ある指揮者に率いられていること
◎遠方からでも認識できる固有の徴章(マーク)をつけていること
◎公然と武器を携行していること
◎戦争法規を守ること

* ハーグ陸戦条約附属書「陸戦の法規慣例に関する規則」の第1条

では、サイバー戦を戦う者が「遠方から確認できる固有のマーク」をつけているであろうか？　あるいは、彼らが遠隔地からパソコンでハッキング行為をすることを「公然と」「武器を携行し」ということができるだろうか。[*] このような場合の交戦者資格はどうなってしまうのだろうか？

もうひとつ例を挙げよう。

慣習国際法では、交戦国が中立国の領域を利用して軍事行動を実施する事は禁止されている。また中立国も自国領土が交戦国に利用される事のないようにそれを防止する義務がある。しかし、サイバー攻撃の場合、攻撃パケットが世界中に張り巡らされたインターネットのどこを通過してくるか、交戦国も中立国も技術的に知る事は困難である。これでは、この戦争法規を守ることはできないのではないか。

その他、一般的な国際法に関する議論をいくつか挙げるとすれば、「人道的必要性の原則」といい、直接戦争活動に寄与しない民間人、民間施設への攻撃は故意の攻撃対象としないとするものがある。これをサイバー攻撃ではどう扱うのか。あるいは、「均衡性の原則」といい、軍事目的達成に必要な程度を超える武力の使用を禁止するとする考えもある。サイバー攻撃はその結果の程度を予測したり確認したりすることは難しいからこの原則の適用も分かりにく

＊　国際法ではこのような観点の問題を「区分原則」と呼んでいる。つまり戦闘員と非戦闘員は区別されるということだ。

い。

しかしながら、これらの議論は実際の戦争においては最も簡単に無視される類のものであり*、私自身はどちらかというと学者による机上の理論と考えているので、ここではこれ以上の議論を避けたい。

このようにサイバー技術と戦争との関係に関しては、現行の戦争法規では解決しがたい問題があるのだ。

＊「ヒロシマ」「ナガサキ」といえば、それ以上の論を必要としないであろう。

◉検討は始まったばかりである

さて、このような問題に対する世界における検討状況であるが、エストニアのタリンに、NATOサイバー防衛センターにより招聘された20名以上の著名な国際法の専門家・識者が集まり検討を行った。そして2013年、その内容成果がいわゆる「タリン・マニュアル」として出版された[3]。

その成果は、基本的にはこれまでの国際慣習法及び関連諸条約（例えばジュネーブ条約第一追加議定書）はサイバーに対してもほぼ適用することができるというものだ。ただし、これにより国際法に関するいくつかのサイバー上の問いに対する結論が出されたわけではないし、その内容は国際的な国家間の合意を得たものではない上に、そもそも国際法の基本法典となるようなものでもない。有識者の見解に過ぎないものだ。意見が分かれたとして今後の課題とされたものも多々ある。しかしながら、今後、課題として研究しなければならない項目を抽出した功績は大きい＊。

　また、２０１３年６月に、国連総会第1委員会「政府のサイバー利用と安全保障の問題」という事務総長報告Ａ／68／98が出された。ここでは、「既存の国際法がサイバー空間に適用されることが明示され、中でも、世界人権宣言や国連憲章がサイバー空間に適用され得ることが明示された」と取りまとめられている[4]。

◉世界各国の思惑

　次に、これらのさまざまな検討に関する世界各国の立場について述べる＊＊。基本的に過去の法はサイバー空間にかかわる行動規範としても適用できるという考え方を取るのは欧米諸国である。２０１３年４月のロンドン外相会議＊＊＊での声明「国際法はオフラインの世界と同様にデジタルの世界でも実際的価値がある（relevant）。」としたことにも表れている。

　これらの国では自由な意見の表明や報道の自由が重視され、ネットの発展は民主主義や市場経済の発達に寄与できるものと考えられており、特に、新たな

＊　現在、タリン・マニュアル２の検討が行われている。ただし、これは民法に関するものであるとのこと。２０１６年に出るという話もあるが、いつ世にでるかはまだわかっていない。

＊＊　この項で記述したことに関しては、私の個人的な分析が多分に含まれているので、公式な見解を知りたい場合は、ＮＩＳＣの平成26年度委託調査「サイバー空間に対する諸外国の施策動向調査」、特に第3部のうち「国家安全保障におけるサイバー空間の位置づけ」が参考になるだろう。

＊＊＊　中国は参加していない。

規則・制約を作る必要はないという考えなのである。むしろ新たに法を作り規範を明確にすることで、却って法に書いていないことは逆に緩くなるだろう。したがって、現状の法体系で国際政治を進め、もし問題が生起した場合は例えば国際司法裁判所にその判定を委ねるなどの方法が良いと考えているようだ。*

表面的にはこのような主張であるが、その裏にはそれぞれの国益に関する思惑が見え隠れしている。欧米、特に米国としては現状が彼らに有利だということに尽きるのかもしれない。

一方、適用されない、あるいは、不十分であるという考え方を取るのは、中国、ロシアなどである。おそらくほとんどの発展途上国もこれに含まれるのではないだろうか。これらの国の意見は、「サイバー空間は新しい領域であり、そこには新しい法が必要である」というものである。

これらの国々では、反体制勢力がサイバー技術を利用することを危惧している。民衆によるインターネットの利用とそれによる自由な情報の伝達が政府の崩壊に繋がった、いわゆる「アラブの春」という前例を見ているからであろう。

このような考えによるものであろう、２０１１年９月に、中国・ロシア・カザフスタン・キルギス・タジキスタン・ウズベキスタンの６か国による上海協力機構は「情報セキュリティに関する行動規範案」を作成し、国連に提案し

＊　例えば、1996年に国際司法裁判所は「核兵器の威嚇または使用の合法性に関する勧告的意見」を出している。

た。この提案には「テロリズム、分離主義、過激主義を扇動する情報や他国の政治、経済、社会的安定性や精神的、文化的環境を弱体化する情報の流布を阻止するために協力することとする」との条項がある。

さらに、現状ではサイバー技術に関する分野において米国が圧倒的に有利だとみているからとも考えられる。スノーデン事件でもあきらかになったが、NSAによれば世界のインターネットの80％は米国を通っているというし、米国の法律では外国の通信を傍受することは問題がない。とすれば、サイバーについてなんらかの国際的な取り決めや規制がないことは、これらの国のインターネット上の情報はなんら制約なく米国に盗まれ続ける可能性もあるわけで、これらの政府がその点を気にするのは当然かもしれない。

他にも、今後、このようなサイバー空間における国際秩序のあり方として、非国家主体によるサイバー活動の抑制はどうする？　途上国の関わりはどうなる？　など、多くの議論が予想されている。いずれにせよ、今後、国家間でサイバー関連の法律に関する完全な合意を取り、条約を締結するのは極めて困難であることが予想される。とすると、例えば現実の国際社会で行われているようにとりあえず、有志連合による模索もあるかもしれない。

2　具体的問題

サイバーと戦争法規に関する世界の議論が収束していなくても、米国は国益に沿って、個々具体的な対応をしている。例えば、サイバーテロの定義も米国は変えようとしているのではないか。そこで、ここではサイバーと法律に関わる多くの課題の中から、まずサイバーテロの話をする。そして、私が今、特に関心を持っているサイバー空間、そしてサイバー反撃というテーマについて記述する。

(1)　サイバーテロについて

◉米国は戦争の定義を変えた

9・11の大規模なテロ事件をうけ、米大統領ジョージ・W・ブッシュ（当時）は2001年9月12日の国家安全保障チームの会合において、このようなテロ攻撃はもはやテロリズムではなく「戦争行為（acts of war）」であると述べた。[5] それまではテロは犯罪であり、犯罪としての取り扱いを受けていたわけだが、戦争ということになれば、たくさんの枷が外れてやり放題になるのは自明であろう。主権国家であるパキスタンに特殊部隊を送り込み、ビン・ラディンを家族もろとも殺害したのは、それが戦争行為の一部であるからと米国は説明した。

つまり、ルールを変えることで、米国は自国にとって不都合な人物を合法的に抹殺できた。そういう米国から見ると、サイバーテロは今そこにある現実の脅威であるので、テロは戦争であるというのと同様に、サイバーテロもまた戦争の一種であると認識されるようになっていく可能性があるのではないだろうか。

◉サイバーテロとは

ところで、サイバーテロという言葉自体に私は疑義を有している。そもそもテロとはなんであろうか？　米国のいわゆる「愛国者法」では、テロリズムを「暴力ならびに生命を脅かす活動及び行為であって、連邦法もしくは州法の刑事法違反であり、かつ、①民間人を脅迫もしくは強要すること②脅迫または強要により政府の政策に影響を与えようとすること③大量破壊、暗殺、誘拐によって政府の行為に影響を与える意図があると考えられるもの～（後略）」としている。もともと、テロとはラテン語で「恐怖」を意味する言葉であった。だから、この「恐怖」という言葉に立ち返れば、テロとは「政府やその機関である警察、軍等の強い者と戦うにあたり、直接それらと対峙せず、より弱い一般大衆を無差別に攻撃して恐怖を与える。そして、その恐怖を取り除きたければ、我（テロリスト）の要求に従えと強要する卑劣な戦い方」ということになろうか。

さて、今ここで、「サイバーテロだ」と言われて、恐怖を感じる人がいるだろうか？　少ないと思う。幸いにして、今日の段階でサイバー攻撃により無辜の民が大勢死んだという例がないからだ。

しかし、これからはわからない。最近の発達したサイバー攻撃技術は人の命を奪うことが可能なレベルになってきている。例えば、航空管制を乱して航空機同士を衝突させる、病院の患者カルテを書き換えて誤った薬を投与させ患者を死に至らしめる、あるいは、第3章で記述したスタクスネット事件のように工場の制御システムを操って事故を装う等、サイバー攻撃を利用して物理的な被害をもたらすことが可能となってきている。

したがって、「昨日まではサイバーテロはなかったかもしれない。しかし、明日からはわからない。おそらく存在することになる」これが私の意見である。そして、この予測が極めて重要である。ことが起きてからでは遅いのであり、学者、技術者、軍人等は予期することが必要であり可能であると思う。[*]

◉日本の警察のサイバーテロの定義

なお、日本の警察はサイバーテロについて、もっと柔軟で幅広い概念として扱っている。警視庁のホームページ[6]から、その定義を引用する。「サイバーテロとは、重要インフラの基幹システムに対する電子的攻撃又は重要インフラの基幹システムにおける重大な障害で電子的攻撃による可能性が高いものとされており、一般的にはコンピューター・システムに侵入し、データを破壊、改竄するなどの手段により、国家又は社会の重要な基盤を機能不全に陥れる行為をいい、サイバー犯罪の中でも最も甚大で深刻な被害を及ぼす危険があると考えられています」

このように、日本の警察の定義は、思想や目的、手段によるというより、攻撃対象を中心として考えられているようである。この定義では、将来、戦略的

＊　ただし、現在でもテロリストがサイバー技術を利用すること自体は多くなっているという。その顕著な利用方法はインターネット上の「犯行声明」である。その他連絡手段や、資金集めの手段、教育訓練の手段としても注目されているらしい。

サイバー攻撃として、外国のサイバー軍が日本の重要インフラを攻撃した場合、その防護の所掌が自衛隊ではなく警察になるようにも思えるが、外国からの攻撃が犯罪だけとは限らないという点で、このあたりは今後の整理が必要なところであると思う。

◉テロに関するもうひとつの考え

そもそも、テロリストと呼ばれる人々がテロ活動を行う理由のひとつに、その存在や主義主張のアピールがあった。サイバー技術を用いれば、それが容易にできるわけだ。とすると、テロリストがサイバー攻撃を行う、という視点が間違っているのではないか。弱者の戦い方に、テロについでサイバーが加わったとみるのが良いのではないかとも思えるのだ。[*] サイバーテロは物理テロより、安全、安く、広範囲に自らの存在と主張をアピールできる。これに気がついた弱者がサイバー技術をその戦いのために使うようになるのは必然であろうと思う。

* 私はテロというのは手段であると考えているが、そうではないという立場もある。その場合は、単にテロの実行要領にサイバーが加わったのだと理解することもできる。

(2) サイバー空間の領域侵犯について

◉サイバー空間とは

国家があればその領土領海領空というものがある。サイバー空間の存在は、どのように考えることができるのだろうか。

「サイバー空間」という言葉を最初に使ったのは、１９８４年のウィリアム・ギブソンのＳＦ小説、『ニューロマンサー』[7]であるというのが定説である。もっともこのような、ネットワークの進化したヴァーチャルな空間での活動ということであれば、ＳＦにはもっと古い時代にいろいろな世界が描かれている。例えば１９８２年のヴァーナー・ヴィンジのマイクロチップの魔術師[8]には未だ実現されていないヴァーチャル空間で、ユーザーの化身であるもの、アバターがあたかも魔法使いのように行動する姿が描かれている。

いずれにせよ、現在では「サイバー空間」という言葉が軽易に使われている。しかし、その明確な定義もあまりはっきりしていない。一般的には、「情報通信技術を用いて情報がやりとりされる、インターネットその他の仮想的な空間[9]」あるいは、「地球上に存在するコンピューター・ネットワークすべてと、これらのネットワークに接続・制御されるものすべての総称[10]」等とされている。すなわち、デジタル化された各種の情報を伝達したり取り扱ったりできる、コンピューターやネットワークで構成された仮想的な空間である。

サイバー空間の特徴であるが、「距離が無関係で、物理的な位置関係が意味をなさない」と言われている。ただし、よく勘違いされているが、それは仮想的な無限の連続空間という訳ではない。その下には、やはり物理層があり、その制約を受けている事に留意する必要がある。その物理的存在とは、電線でありルーターなどの物理的装置である。そして世界を繋ぐ情報伝達の媒体は主に海底光ケーブルである。

◉サイバー空間は国際公共財だろうか

我が国では、2014年12月に「国家安全保障戦略」を閣議決定し、その中でサイバー空間を海洋、宇宙空間などと並ぶグローバルコモンズ（国際公共財）として位置付けた。しかし私はそうは思わない。サイバー空間は一見、無限に広がるヴァーチャルな空間で境目がないように思えるだろうが、実は、その下には確固たる物理層、つまり光ケーブルやルーターという装置があるのであり、それらにはちゃんと持ち主がいる。となれば、それらをもって、その国の領土の一部であると考えることができるのではないだろうか。そして、そうだとすれば、ここにある国の主権が及ぶ範囲が明確に決めることができるということになる。[*]

そもそも、それは自然空間ではない。自然空間はその物理的な特性を人間が意のままに変えることはできない。宇宙空間には空気がなく放射線が強い。深海では光が届かず強大な水圧がかかる等、それらは環境条件である。しかし、サイバー空間は人間が作ったものであるので、技術の進歩によりその特性を変えることが可能である。だから、これまでの宇宙や海など自然空間に関連する法律の概念にとらわれすぎる必要はないと思う。[**]

◉サイバー領域と主権

さて、もしある国の保有するサイバー領域というものがあるとすれば、そこに対する侵入についてはどう考えれば良いだろうか。領海侵犯という概念がある。自国の領土を取り巻く海洋はその国のものであり、他国が勝手に入ることはできないとする考えだ。ただし、領土や領空と違い、領海[***]の場合は「無害通航権」というものが認められており、一般商船が通過することもできるし、潜水艦なら浮上するなど条件が許せば入ることも許されている。

そこで、私はこのサイバー領域に対しても、無害通航権の設定という概念の類推を考えることが可能ではないかと考えている。すなわち、ある国のサイ

＊　もちろん、事はそう単純ではない。このような海底ケーブルは複数の企業が出資し合って構築していることが多く、その場合、国籍の異なる企業がかかわっていることもあるからである。しかし、それでも持ち主がいないわけではない。

＊＊　このあたりの議論に関しては慶応義塾大学の土屋大洋先生からの示唆によった。例えば『サイバー・テロ日米ｖｓ中国』（文藝春秋、ｐ１１８）

＊＊＊　一般的には領海基線と呼ばれる基準線から12海里を超えない範囲で決定される。隣国と近距離にある等、地理的な条件で変わることもある。

バー領域には、領海のように管理する国の主権が及んでおり、本来、勝手に利用することはできないが、先の無害通航権のような概念を持って、相互に利用しているだけであるという考えだ。だから、必要に応じて、通過するパケットを調べるのは構わないと言える。それはあたかも不審船に対して海軍や海上警察組織が臨検（立入検査）を行うようなものだ。

もっとも、このサイバー臨検には技術的な問題もある。つまり、仮に、日本のインターネットへの出入り口であるゲートウェイにおいてパケット検査を行う事が法律的に可能になったとしても、そこを通過する多量のパケットを実際に検査するのはスーパーコンピューターでも困難であると考えられるからだ。これに対しては今後なんらかの技術開発が必要であろう。*

いずれにせよ、パケット検査には、我が国の法律で定められている「通信の秘密」との関係をはっきりさせる必要があるのは確かである。これまでは、サイバー攻撃対策上必要と思われる不正通信の遮断や通信先の確認でさえ法律的に困難とされていたからだ。

２０１３年11月に総務省はサイバー攻撃に関する研究会を設置し、２０１４年４月に第１次検討結果を取りまとめた。その結果を受けて７月に業界団体のガイドラインが改訂され緩和されたことにより特定の通信を検知してそ

＊　いや、中国は、いわゆるグレートファイヤーウォールでそれを行っているではないかという議論もあろう。グレートファイヤーウォールがどの程度、きめ細かくフィルタリングしているかは不明であるが、我が国が同じように、これは怪しいとか不都合に見えるというだけで是々非々を明確にしないで通過するパケットを勝手に落としてしまうのは、民主主義国家としては難しいように思える。

れを遮断することでＤｏＳ攻撃を止めることや、不審な通信についてＩＤ等をチェックすること等が正当業務行為として行えるようになった。[11] この議論の延長線上に「サイバー臨検」も作れるのではないかというのが私の意見なわけである。

なお、先に取り上げたタリン・マニュアルでは、この件は主権の問題として議論されており、「国家はその主権を有する領土内において、サイバーインフラ及びその活動に対して支配的権力行使（exercise control）を行い得る。つまり、自国の領土へのアクセスを統制できる」としている。

(3)　サイバー反撃について

◉サイバー反撃の可能性

サイバー攻撃を受けた場合、それに対する反撃を法的にどう扱うか定説はまだない。それは法的に分析する前にサイバーならではの問題がありそれらが解決されていないからでもある。つまり、先にも述べたようにサイバー攻撃の問題点のひとつは、攻撃者がわからないこと、それは誰か別の者によるなりすましかもしれないということである。

例えば、ＤｏＳ攻撃を受けた場合に、その攻撃元サーバーは技術的にわかるとしても、それが真犯人である可能性は低く、むしろ真の攻撃者により乗っ取られたいわゆる「ゾンビサーバー」であろうということなのである。このような理由で、そのサーバーを武力攻撃する事はおろか、サイバー攻撃する事も躊躇せざるを得ないというわけなのだ。間違った相手を攻撃したら大変な事になってしまうからだ。

しかし、私はこの場合は反撃しても良いと考えている。まず、基本的な考え方に正当防衛というものがあり、国際間でも緊急かつやむを得ざる場合に自衛のために反撃する事は国家固有の権利であるとされている。これは自衛権と呼ばれる。[12]そして、もしサイバー攻撃元が真犯人ではない場合でも、緊急避難という考え方で、やはり自衛のための最小限の攻撃は許されるのではないかと思う。ただし、最小限とは攻撃サーバーへのＤｏＳ攻撃等、ソフト的な手段により攻撃してダウンさせる事までで、物理的に破壊する事までは含まないとしたい。

無実のサーバーを攻撃することに対する道義的な問題はどうかという件に関しては、私がゾンビ理論と呼ぶ考え方で説明される。つまり、先ほどまで愛する恋人であったとしてもゾンビになったら、もはや人間ではないので斧で頭を割っても仕方がないという事である。言い換えれば、攻撃サーバーが真犯人に乗っ取られているとすれば、それはすでに正当な管理者としての義務を遂行できない状態にあるので、それを攻撃してダウンさせるのは構わないと考える訳である。

日本政府はかつて、外国からの弾道ミサイル攻撃に対して、どう対処するかの質問を受けたことがある。その際の答弁によれば、「座して自滅を待つのは憲法の趣旨にあらず、弾道ミサイルの発射基地をたたく事は可能である」との事であった。[13] サイバー攻撃に関しても同様の考え方ができるのではないだろうか。

◉サイバー反撃に関する問題

しかし、問題もある。仮にこの考えに基づく反撃は可能であるとして、実効性があるのか？　ということである。攻撃が単純なＤｏＳ攻撃ならある程度の対処は可能であるが、ＤＤｏＳなら攻撃元の相手が多すぎるために有効な反撃は難しいと予想される。さらに、ＤＮＳリフレクション攻撃やＮＴＰＡｍｐ攻撃などであれば、攻撃に利用されているサーバーは必ずしも正当な管理状態を喪失しているとは言えないので、これらを攻撃することには問題がある。さらに、反撃によりこれらのサーバーを片っ端からダウンさせると世界中のインターネットに悪い影響を与える可能性がある。これらについては今後の検討を必要とするところである。

ただし、第1章で述べたとおり、全面的サイバー攻撃を受けた場合には、そもそも反撃することができなくなっているはずであるので、状況によっては反撃したいが実際にはできないという状態に陥っている可能性があることも指摘しておきたい。

また、仮に国際法上の問題や技術上の問題がクリアされたとしても、日本の国内法の制約は残っているので、その場合の法律の整備が必要となろう。現時点では前記のような反撃の措置はあきらかに不正アクセス禁止法等[*]に抵触するからだ。

すなわち、現行の法制では未解決の課題が山積みである。ただ、少なくとも自衛隊の正当業務行為という観点から見れば、攻撃的なサイバー兵器を保有できないというような考え方には疑問があると私は考えている。

＊ 不正アクセス禁止法における「不正アクセス」はアクセス制御機能を有する電子計算機に対し制限されている機能等の利用をできるようにしてしまうことだ。したがって、反撃行為として、単純に大量のパケットを送りDoS状態にした場合は不正アクセスには該当せず、刑法の業務妨害罪の適用をすることになるかもしれない。

3　戦略論としてのサイバー

かつて核兵器の出現は、世界戦略に大きな変革を与えた。その破壊力が絶大な上に基本的に防御が不可能な兵器なので、一般的な戦争のあり方ややり方にも大きな影響を与えたのだ。結局、広島、長崎以降全く核兵器が使われなかったという事実からもわかるように、これは使えない兵器であるという暗黙の了解がなされたわけだが、それでも核兵器の使用を想定した戦略を組み立てる必要はあったし、さらに、世界規模の核戦争が起こることを防ぐための理論的な考察が数多くなされることになった。その研究成果は、「恐怖の均衡」と呼ばれ、お互いの理性に基づき、恐怖により核戦争の生起が抑止されていると考えられている。

では、サイバー戦争ではどうなのであろう。抑止はかかるのだろうか？

抑止に関しては純粋サイバー戦争、通常戦争、あるいはテロや犯罪など、場合によって状況は違うと思われるが、それらを網羅したものはない。ただ、一般的な抑止理論に関する論文はある。[14]
いずれにせよ、抑止には、基本的に、報復的（懲罰的）抑止と拒否的抑止のふたつの考え方がある。ここでは、それぞれについて、サイバーの観点から私の見解を述べる。

(1)　サイバー戦争に抑止は成り立つか

◉報復的抑止に関する考え方

報復的抑止とは、「仕返しできる能力を示し、攻撃を思いとどまらせること」である。「俺を殴っても良いが、その倍、仕返しするぞ」というわけである。相手が強そうならば確かにそういう相手を敢えて殴ろうとは思わないだろう。ただ、これは抑止をかけたい相手がこちらの攻撃力の実力を相応に認識しなければ、報復を恐れることにならないので、実力を認識できなかったり、見誤ったりした場合には効果的な抑止は機能しないという性質がある。自分が見た目弱そうで相手に舐められると、実は空手の有段者であったとしても抑止は効かないというわけだ。

ここで核兵器ならば核実験を行うことでその実力を遺憾なく他国に見せつけることが可能だ。

一方、サイバー攻撃能力を持って抑止をかけようとする場合は、実際に威嚇のためにサイバー攻撃を行うと、その攻撃の手口、要領があきらかになってしまい、攻撃に利用した脆弱性が分析されてその弱点を塞ぐなど、相手に対処され、次にはその攻撃は無効化されているだろう。したがって、本当ではないいや弱いサイバー攻撃を行わざるを得ない。これでは事前に力を「充分」示す事が困難である。こうして、相手がその力を正確に認識できないため、サイバー攻撃能力を抑止の手段にすることは難しいと言える。[*]

そこで、報復する力をサイバーではなく一般的な軍事力にするというのが、米軍が現在、採用している考え方だという。米政府は２０１１年５月「サイバー空間のための国際戦略（International Strategy for Cyberspace :Prosperity,Security,and Openness in a Networked World）」を発表し、その中で、サイバーの脅威に対しては物理的な軍事力により対抗することを辞さない可能性を示すことで抑止の可能性を強調している。

＊　もちろん、全くできないというわけではない。持っているサイバー能力の一部を示すことで、相手が残りの力について想像してくれ、その結果、抑止が機能する場合があると言えなくもない。抑止はひとえに認識の問題であるからだ。

◉サイバー攻撃の特性から抑止はかかりにくい

ところで、繰り返しになるかもしれないが、サイバー攻撃の特性のひとつは、そもそも攻撃者がわからないことである。例えば、他人になりすましてサイバー攻撃を行い、警察が無実の人を誤認逮捕する事件があった。いわゆる「パソコン遠隔操作事件」である。

これは、サイバー攻撃に対して報復を行った場合、間違った相手に対して報復を行う可能性があるということだ。この可能性があるので被害者は、うかつに報復することができない。間違った相手を攻撃したら大変だからだ。したがって、そのこと自体を攻撃者が知っているので抑止がその分だけ下がったということになる。また、サイバー攻撃の犯人が全くわからなければ報復のしようもないはずである。あるいは、報復すべき実体[*]が存在しなければどうだろうか。

もっとも政治的にはいろいろあるようで、2015年1月3日、米国のオバマ大統領は、前年のソニー・ピクチャーズに対するサイバー攻撃は北朝鮮によるものであると、報復を示唆した。北朝鮮が自分が攻撃元であることを否定しているにも関わらずである。[**] こうなると、以後、身元が分からないだろうと高をくって米国にサイバー攻撃を行う者に対しては抑止がかかることになろ

＊　広い意味での交戦相手がネット上にしか存在しない、例えばアノニマスのような存在であれば、報復的抑止は機能しないであろう。

＊＊　真犯人が北朝鮮であったとしても、そうではなかったとしても、どちらでもよく、疑わしきは攻撃するというメッセージを送ったのではないかというのが私の見立てである。（自著『サイバー・インテリジェンス』より）

う。

◉攻撃者がわからないという特性

「サイバー攻撃では攻撃者がわからないから」という議論に関し、もうひとつの視点を指摘したい。

そもそも、戦争行為は自分の意思を相手に強要する行為であろう。戦争には目的がある。それは外交上の異議を解決する暴力的な手段であると言える。とすれば、攻撃者がわからないということがありうるのか？　ということだ。必要があればわからせるのではないか。

攻撃された方が、攻撃者の正体がわからなければその要求も明確にわからず、正しい返答ができないのではないか。言い換えれば、主体の要求がありかつその主体が不明という場合の攻撃ということがありうるのか？　という疑問である。このように考えると、攻撃者がわからないからサイバー攻撃に抑止がかからないというのは、問題自体が不適切であると言えるのではないかとも思える。これまでの戦争の概念の中ではこの答えは出ないのではないか。この点は今後さらに検討したい。*

＊　自著『サイバー・インテリジェンス』で、この問題について触れた。新しい戦争としての情報戦争では、外交交渉によらず、その国が利益を得ることを追求することも戦争行為の一部として存在しうる。とすれば、攻撃者不明の攻撃、それもありうるかもしれない。このような戦争では、攻撃者が自らをあきらかにすることなく、逆に、とぼけるということも考えられるのだ。

◉拒否的抑止について

さて、もうひとつの拒否的抑止は、敵をして何をやっても無駄であると考えさせるというやり方である。中学生がいくら本気で殴って蹴っても、相手がプロレスラーならなんら痛みを感じないだろう。したがって、やるだけ無駄なので、中学生は最初からプロレスラーを蹴りに行かない（はずである）。これが拒否的抑止だ。

しかし、サイバー攻撃の場合は事情が違う。攻撃側が圧倒的に有利なのである。防御側がどんなに守ってもそこに完璧な防御はなく、なんらかの穴があり侵入されてしまう。その結果、大小の被害を受けることになる。また、その攻撃が失敗だったとしても、攻撃者はいくらでも新手の攻撃を続けられる。それに際して攻撃者にはなんら痛みは感じない。これでは攻撃を思いとどまらせることは難しい。つまり、拒否的な抑止もかかりにくいと言える。

◉その他の考え方

その他の抑止の考え方に、多数の友好国、同盟国を持つ事で、抑止ができるという考え方もある。拡大抑止と呼ばれているものだ。つまり、自分自身には抑止するための力がない、あるいは小さいとしても、そういう力を持っている友人がいれば、彼のおかげで敵は攻撃を思いとどまるということになる。[*] しかし、この場合も、頼りにすべき国が上記の報復的、拒否的抑止のそれぞれを有効に機能させられないのであれば、やはり抑止は充分に働かないということになる。

その一方、多国間協力で全体としてはサイバー能力を発揮し、抑止がかかることもありうるかもしれない。抑止は多分に対象国の心情に訴えるものだからである。つまり抑止は0か1かという割り切りはできないということだ。

◉通常戦におけるサイバー戦の抑止について

議論がサイバー戦争そのものに対する抑止ではなく、通常戦におけるサイバー戦（武力行使の一環としてのサイバー攻撃について考える場合）という意味で考えてみれば、また違った考えができる。

比較のために、化学戦を考えてみたい。通常の戦争中であっても、相手が毒ガスを持っていると毒ガスは使えないだろう。戦術的なレベルでの抑止がかかっているのだ。

第2次世界大戦において、ヒトラーのドイツは保有していた神経ガスを最後まで使わなかった。当時、連合国軍には神経ガスに対する効果的な防護方法は

＊　これは現在の日本の核攻撃に対する考え方でもある。日本自身は核の恫喝に対応できる手段を持たないが、それは同盟国である米国の核戦力に依存するということで、抑止を担保する訳である。

なかったにもかかわらずだ。このガスは皮膚からでも浸透するので当時の連合国軍が装備していた単純なガスマスクでは防護できなかったと思われる。ではなぜ、ヒトラーはその使用を許可しなかったのか。彼が人道主義者だったからだろうか？　おそらく、連合国軍に神経ガスはなくても古いタイプのマスタードガスなどの毒ガスを持っていたのが抑止として機能したのであろうという仮説は成り立つと思う。

　ちなみに同じ第2次世界大戦中に、イタリアは、エチオピアに対して毒ガスを使用している。これはエチオピア軍には毒ガスはなかったからだと言えるかもしれない。毒ガスに対する戦術的な意味での抑止がかからなかったから、ここでは使用されたということになる。

　さて、サイバー兵器の使用に、この手の戦術的なレベルでの抑止がかかるだろうか？

　こちらがサイバー攻撃をすると、相手もサイバー攻撃をしてくる。それが耐えられないならば、サイバー攻撃はしないかもしれない。そのように考えることも可能ではないかと思うのである。今後の研究が必要である。

(2) サイバー技術は戦争発生のハードルを下げる

前項では、サイバー戦争では抑止がかかりにくいということを述べたわけだが、実は全く違う新たな様相もあるのではないかと考えている。第1章で記したように、サイバー技術の発達は、核の場合と異なり[*]、戦争を抑止する方向ではなく、むしろ促進する方向に働くのではないかということである。

具体的なシナリオを提示することで説明する。一例として、なにかのトラブルが起こり、ふたつの国の軍隊が対峙している場面を考えてみよう。お互いに軍隊を繰り出してにらみ合ってはいるが、実は政府同士は落としどころを探っている。また軍隊同士も本気で命のやり取りをすることを望んではいない。

しかし、後方の民間人たちは違う。

最初はネット上での無責任な書き込みから始まる。一方がネット上で相手国を誹謗する。それに応えて相手国の者がやり返す。これが繰り返されて罵り合いが高まると、やがて相手国のシステムをサイバー攻撃する者が現れる。そして、現在ではサイバー攻撃によって物理的な損害を与えることも可能になっている。もし、民間人が勝手にやったサイバー攻撃によりなんらかの物理的な被害や実際に人の命に関わるような事件が起こったら？　軍や政府はそのメンツ

＊　恐怖の均衡と呼ばれ、核保有国同士の戦争には大きな歯止めがかかった。のみならず、核保有国同士では通常戦争にも抑制がかかった。

上、なんらかの行動を取らざるを得ない状況となり、実際に紛争に火がついてしまう可能性が考えられるのではないか？　つまり、核と異なり、サイバーの存在は戦争が起こりやすくなってしまうかもしれないのだ。この「サイバーアクセラレーション」とでもいうべき、戦争のハードルを下げるという事態が21世紀には起こりかねない。

さらに、サイバー攻撃の特徴である、攻撃有利であることや先制攻撃が有利な事等、すなわち、やったもの勝ちだとすれば、これもまた戦争開始のハードルを下げてしまうのではないかと思われる。

(3)　先進国の脆弱性が増大している

また、もうひとつ大きな問題として、サイバー技術に依存しているいわゆる先進国の脆弱性が相対的に増しているということがある。

現在、先進国ではインターネットの利用が進み、経済活動もそれ無しでは成り立たない状態になっている。しかし第4章でも述べたようにインターネットはそれほど安全・安心な物ではない。安全・安心な物にするための努力がなされていない訳ではないが、安全・安心なものにするためには、その技術が開発され、その使用を世界各国が合意し、実際に誰かが費用を負担して実装しなければ意味がないのだが、それは極めて困難だと言わざるを得ない。それよりも攻撃者が悪用する技術の方が先行しているのが現状である。インターネットに依存している先進国の社会は、日に日に脆弱性を増していると言っていい。

その一方で、インターネットにその経済を依存する度合いの少ない開発途上国では、万一、国のインターネットがダウンしてもその被害は先進国に比べてかなり小さい。つまり、相対的な意味でも、先進国の力は開発途上国のそれに対して低下していっていると言える。

こうした動きは、国家間の勢力バランスを変えるだろうか？　その可能性はある。だからこそ米国はそのことにいち早く気がつき、国益を防護するために国家の戦略目標として、インターネットをコントロールしようとしてきたのだろう。

このような問題に対して、これまでも行われてきた一種の信頼性醸成措置が有効であるかもしれない。しかし、その実行が困難な理由は、そこには、先程述べた国家間の意見の相違はもとより、サイバーならではの問題も存在しているからだ。

例えば核であれば、技術的にも高度で開発するにもそれを支える工業力や経済力は必須である。現にそれを持っている国の数も少ないし、仮に隠し持とうとしてもかなりの程度で技術的な検知や検証が可能である。

しかし、サイバー技術は基本的に、どんな貧乏な国でも危険なサイバー技術を保有することは可能であるし、そもそもソフトウェア関連のものが多いので、その技術は隠そうと思えば隠せる。たとえ査察により疑わしいソフトウェアを見つけても民間技術との差異がほとんどないのだ。

(4)　サイバー地政学が期待される

このように、サイバー技術が国家間の政治・外交に影響を与え、それらのバランスに影響するとすれば、それに関する新たな学問分野が生まれるかも知れない。例えば地政学という学問分野がある。地理的な環境や位置関係が国家間の政治・外交などに与える影響を考察するものだ。とすると「サイバー地政学」という学問があっても良いのではないか。

ここで、サイバー空間は、実際の国家の位置関係とは必ずしも一致しないことを特に注意しておきたい。

繰り返しになるが、世界のインターネットの情報の流れは、物理的にはほとんどが海底ケーブルを利用して行われている。そしてそのインターネット上の情報の流れは物理的な構造ではなく、インターネットの論理構造の上を流れる。[*]その構造もＤＮＳやルーティングの仕組みなど、さまざまな構成要素によっている。さらにサイバー空間はリソースを投入することで、短時間でいくらでも拡張が可能な空間であるとともに、ある国家の意思で接続を切ることも可能である。つまり人為的にサイバー地形が変化しうるということだ。

このようなサイバー空間の地形特性を考えた上で、かつての地理的環境の代わりに、インターネット上の情報の流れやそれに対する依存度が国際政治の考察の対象となるのではないか、そう考えるのである。今後の研究に期待したい。

＊　インターネットでは、情報は物理的に近いところを通るとは言えず、どちらかといえば、太いパイプを選んで流れるようにできている。つまり、論理的な仕組みによってそのパケットの流れがコントロールされている。

1　防衛大学校・防衛学研究会編『軍事学入門』（かや書房、１９９９年）
2　高橋郁夫「サイバーウォーの法的分析」（「電子情報通信学会　信学技報」、２００９年）
3　Tallinn Manual on The International Law Applicable to Cyber Warfare, M. N. Schmitt, Cambridge University Press 2013

4 藤野克「インターネットフリーダム 国際規範の追求」（『インターネットとアメリカ政治』第2号 http://www.tkfd.or.jp/research/project/sub1.php? id=402）
5 “War on Terror” http://en.wikipedia.org/wiki/War_on_Terror
6 http://www.keishicho.metro.tokyo.jp/haiteku/cyber/cyber.htm
7 ウイリアム・ギブスン『ニューロマンサー』（黒丸尚訳、ハヤカワ文庫、１９８６年）
8 ヴァーナー・ヴィンジ『マイクロチップの魔術師』（若島正訳、新潮文庫、１９８９年）
9 「国民を守る情報セキュリティ戦略」情報セキュリティ政策会議（２０１０年5月11日）
10 リチャード・クラーク他『核を超える脅威 世界サイバー戦争』（北川知子他訳、徳間書店、２０１１年）
11 「通信の秘密解釈緩和」（「読売新聞」２０１４年8月5日）
12 防衛大学校・防衛学研究会編『軍事学入門』（かや書房、１９９９年）
13 「第二十四回国会衆議院内閣委員会会議録第十五号」（１９５６年2月29日）
14 「戦略的サイバーセキュリティ」ケネス・ギーアーズ（「月刊ＪＡＤＩ」２０１３年7月号）

おわりに

国家的サイバー防衛戦略の構築を

勝てないが負けない戦い方というものがある。普通、戦争では攻撃側にも必ず何かしらの損害が発生する。防御側の手強い抵抗にあって戦争が長引くとやがてその損害の累積が攻撃側にとって引き合わないレベルとなり、攻撃を続けられなくなる。こうして防衛が成功する。

しかし、ネットワークやコンピューターを利用して攻撃してくるサイバーの戦いでは違う。どんなに守っていても必ず何処かに防御上の弱点があり、そのため何かしらの損害を受ける。一方、攻撃側はサイバー攻撃に失敗したとしても、なんら痛みを感じない。やがて蓄積した損害に堪え兼ねた防御側は敗北する。サイバーの戦いにおいては、専守防衛は勝てないのではなく必ず負けるということなのだ。

サイバー技術が戦争に用いられるようになって戦い方が変わった。そして戦争の性質さえも変わろうとしている。

軍事力を用いた、つまり目に見える戦争は、第2次世界大戦以来、国際問題解決の主要な手段ではなくなってきている。その後の冷戦時代というのは、実は資本主義陣営と共産主義陣営による、経済上の見えない戦争であったと言え、そして、21世紀の今、世界はすでに次の段階、情報戦争という見えない戦争を戦っているのではないかと思う。

この情報戦争の主要な武器がサイバー技術であり、その戦場は第5の戦場と呼ばれるサイバー空間である。サイバーの戦いでは、相手国のネットワークに侵入し経済上・科学技術上等の有益な情報を盗む事から、状況によってはサイバー攻撃をかけて社会を混乱させたり経済的な損失を発生させたりすることができる。株価操作や秘匿情報を暴露することで対象の信用の失墜を謀ることも可能だ。最近、日本の社会で得体の知れない不思議なシステムエラーやシステム故障が多発しているように感じている。鉄道ダイヤの突然の乱れ、航空管制システムの不具合、銀行システムのダウンなどである。もちろん、その多くは報道されているように本当に故障や人為的なミスによるのだろう。しかし、そのいくつかはどうもおかしいと筆者は感じている。

かつて、東京急行というものがあった。冷戦時代である。ソビエト連邦の航空機が定期的に東京近辺に飛来し何もしないで帰って行く。これは何だったのだろうか？

この目的は日本のレーダーの周波数や変調方式等の技術的諸元を入手する事で

あったと考えられている。得られた情報は有事の際に日本のレーダーに電波的な目潰しをかけるための資料となったはずである。まじめな軍隊であれば平時から仮想敵国の弱点を探るというのは当たり前のことだ。当時、ソビエト連邦もあらゆる方策を持って日本の弱点を探っていたのだ。

さて、そうだとすると、日本で最近起こっている不可思議なシステム故障の一部は「サイバー上の東京急行」なのかもしれない。とするならば、日本は今、情報戦争の戦時下にあり、日々、貴重な情報を盗まれ、サイバー上の弱点を探られているのだという認識を持つ事が必要なのではないか。

繰り返すが、サイバー戦争はすでに始まっている。そしてこの戦争では守っているだけでは必ず負けてしまう。サイバー攻撃に対する攻防両面からの国家的防衛戦略の構築が早急に必要である。日本の防衛は、防衛省だけでは実施できない。インターネットが広く民間に使われているというだけではなく、敵は民間人を装った攻撃を行うことが常態であると思われるからだ。もちろん、敵が国家レベルであるのに、民間企業が自分で自分を守るだけで政府が何もしないというのもアンフェアである。

政府から民間まで、その力を総合的に融合させ、日本を守るための仕組みを早急に構築する必要がある。

用語解説

２０３高地　日露戦争における大激戦地のひとつ。旅順には難攻不落と言われたロシアの旅順要塞があったが、２０３高地はその防衛地域の一角にあった。この高地を奪取すると、旅順港湾内に停泊しているロシア艦隊を観測射撃できることから、戦術的に極めて重要な高地であった。名称はこの高地が海抜２０３メートルであることからきている。

ＡＩ　……Artificial Intelligence。「人工知能」をみよ。

ＡＰＩ　……Application Program Interface。プログラミングの際に使用できる命令や規約、関数等の集合、その利用に関する約束事。

Ｃ＆Ｃサーバー　Command and Control server、ＣアンドＣサーバー、指揮統制サーバー、コマンド・アンド・コントロールサーバーともいう。サイバー攻撃などにおいて、マルウェアに感染したコンピューター（ボット）等を制御するため、ボットが命令を取りに行く際の命令発出元としての役割を担うサーバーのこと。

C2サーバー　C&Cサーバーのこと。

CCTVカメラ　Closed Circuit television カメラ。限られた場所を映し有線など他にはつながっていない経路を伝わってその映像を送るので、閉鎖しているという意味でこの名称が用いられる。監視目的で用いられることが多い仕組みなので、監視カメラのことを指すことが多い。

CERT　……Computer Emergency Response Team。コンピューターセキュリティに関わるなんらかの事件に対応する活動を行う組織。なお、CERTという単語自体は米国CERT／CCの登録商標であるため、一般名詞はCSIRTとなる。

CSIRT　Computer Security Incident Response Team。コンピューターセキュリティに関わる事件や事故に関する報告を受け取り、調査し、対応活動を行う組織の名称。事故対応を定常的に専業で行っている場合もあるが、何かが起った際に特別に結成される場合もある。

DDoS攻撃　Distributed Denial of Service attack。ネットワークを通じた攻撃手法の一種で、標的となるコンピューターに対して複数のパソコンやインターネット端末などから大量の処理負荷を与えるパケットを送付することで攻撃対象のサービスを機能停止状態へ追い込む。

DNS　……Domain Name System。ドメインネームシステム。インターネットなどのＴＣＰ／ＩＰネットワーク上でドメイン名やホスト名とＩＰアドレスの対応関係を管理するシステム。

DNSリフレクション攻撃　ＤＮＳリフレクター攻撃ともいう。リフレクション、つまりネットワーク上のパケットの反射を用いたＤｏＳ攻撃の一種。攻撃対象のアドレスを詐称したＤＮＳリクエストをＤＮＳサーバーに送ることで、攻撃対象に大量のＤＮＳパケットを送り付け、対象の処理能力を飽和させて、その機能を妨害する。

DoS攻撃　Denial of Service Attack。サービス妨害攻撃。サーバー等あるサービスを提供しているコンピューター等に対し、大量のパケットを送ったり適切に処理できないような不正なアクセスを行ったりすることで、それが本来のサービスを適正に提供できない状態にする攻撃。

EMP　……ElectroMagnetic Pulse。電磁パルス。高高度核爆発などによって発生するパルス状の強力な電磁波。これにより電子回路中に大きな誘導電流が発生して電子部品等が損傷したりコンピューターなどが誤動作を起こしたりする危険性がある。

ENIAC　Electronic Numerical Integrator And Computer。１９４６年にアメリカで開発された世界最初のコンピューターであると言われている装置。

GCHQ　……Government Communications Headquarters の略。イギリスの情報機

関。通信傍受や偵察衛星を用いた情報収集活動及び暗号解読などを担当していると言われている。

ＧＰＳ……Global Positioning System。全地球測位システム。アメリカ国防総省が管理する自己位置標定システムで、地上約２万キロメートルの軌道を周回しているＧＰＳ衛星からの電波を受信することにより、自分の位置（経度、緯度、高度）を知ることができる。

ＩＤＳ……Intrusion Detection System の略。侵入検知システム。社内ネットワークなどに対する、外部からの不正なアクセスを検知する機能を持つソフトウェアまたはハードウェアの仕組み。

ＩＦＦ……Identification Friend or Foe。敵味方識別システム。

ＩＰＡ……Information-technology Promotion Agency。独立行政法人情報処理推進機構。国のＩＴ施策実施の一翼を担う独立行政法人のひとつ。その目標は、すべての国民がＩＴによる利便性を安心して享受できる社会を作ることとされている。

ＩＰアドレス　インターネットやＬＡＮなどのＩＰネットワークに接続されたコンピューターなどに割り振られる識別番号。

ＬＳＩ……Large Scale Integrated circuit/Large Scale Integration。大規模集積回路。通常の集積回路（ＩＣ）よりさらに素子の集積度を高くしたもの。

ＮＡＴＯサイバー防衛センター　Cyber Defence Centre of Excellence。ＮＡＴＯ加盟

国のエストニア政府のウェブサイトが2007年5月上旬からロシアからとみられるサイバー攻撃を受け約2か月にわたり接続できなくなったことを受けて設立されたサイバー攻撃対応組織。

NSA……National Security Agency。国家安全保障局。アメリカの諜報機関のひとつで国防総省に属している。電波傍受や通信盗聴など通信情報収集活動を担当。現在では世界最大のインターネット傍受組織として有名である。

NTP……Network Time Protocol。ネットワークに接続された機器が持つ内部時計を同期するための通信プロトコルである。

NTPamp攻撃　ネットワーク上の機器の時刻を同期させるためのプロトコルであるNTPの仕組みを悪用して、問い合わせに対して何十、何百にも増幅した通信を発生させ、ネットワークを輻輳させる攻撃。

OS……Operating System。基本ソフト。ソフトウェアの種類のひとつで、機器の基本的な管理や制御のための機能や多くのソフトウェアが共通して利用する基本的な機能などを実装したシステム全体を管理するソフトウェア。

RAT……Remote Administration Toolの略。Remote Access Tool、Remote Access Trojanの略とも言われる。ターゲットのコンピューターを管理者権限で遠隔操作できるようにしてしまえるツールのこと。

rootkit　ハッカーがシステムに侵入した後、その痕跡を隠すなどの目的で使用されるソフトウェアツールのセット。

S／MIME　インターネットメール用ソフトウェアに暗号技術を使ったセキュリティ機能を提供するもの。認証、通信文の完全性（改竄防止機能）、発信元の否認防止（デジタル署名）、プライバシーとデータの機密保護ができる。

SCADA　Supervisory Control And Data Acquisitionの略。工業用生産設備や送油設備、ビル設備などに対するシステム監視と制御を行う産業用制御システムの一種。

SHODAN　インターネットに接続されているオフィス機器、家電機器、制御機器等の情報を検索できるウェブサービス。

SNS　……Social Networking Service。「ソーシャル・ネットワーキング・サービス」をみよ。

SOC　……Security Operation Center（セキュリティ・オペレーションセンター）の略称。24時間365日休むことなくネットワークやデバイスの監視をして、サイバー攻撃の検出と分析、対応策のアドバイスを行う組織。

SQLインジェクション　データーベースに対する攻撃手法のひとつ。SQLとはデータの操作や定義を行うためのデータベース言語だが、この

SQLの命令に余分な内容を付け加える（インジェクション）ことで、データベースを不正に操作することができる場合がある。その攻撃方法のこと。

SSL……Secure Sockets Layer の略。通信を暗号化し、第三者によるデータの盗聴や改竄などを防ぐためのインターネット技術のひとつ。

SUTER SUTER Program System（SPS）が正式名称。航空ネットワーク攻撃システムのひとつ。英BAEシステムズ社が開発したもので、米L－3コミュニケーションズ社によってアメリカの無人航空機の一部にも組み込まれているという。ちなみにSUTERという名称はアメリカ空軍大佐SUTERの名前から取られたという。

TLS……Transport Layer Security、トランスポート層セキュリティ。インターネットなどのTCP／IPネットワークでデータを暗号化して送受信するプロトコル（通信手順）のひとつ。データを送受信する一対の機器間で通信を暗号化し、中継装置などネットワーク上の他の機器による成りすましやデータの盗み見、改竄などを防ぐことができる。

Twitter ツイッター。「ツイート」と称される140文字以内の短文の投稿をユーザー間で共有するSNSのひとつ。

UAV……Unmanned Aerial Vehicle。無人機。コンピューターによる自動操縦もしくは遠隔操作により飛行する無人航空機。

アカウント　コンピューター等の端末やネットワーク上のサービスなどを利用するための権利。狭義にはそれらを利用するためのＩＤ（ユーザー名）のこと。

アクティブディフェンス　サイバー攻撃が発生してから対応するのではなく、サイバー攻撃発生の兆候を早期に察知し重大化しないよう対応する取り組み。ＡＣＤ（Active Cyber Defense）ともいう。

アノニマス　インターネット上で、なんらかの主義主張を行うためにサイバー攻撃を行う謎の集団。特定の指導者もいないし明確な組織構成があるわけでもない。何かのきっかけで特定の行動が自然発生的に生まれる。自らがアノニマスであると名乗れば、それはアノニマスであるので、活動内容は多様である。ちなみにアノニマスとは匿名という意味である。

アンチウイルスソフト　コンピューターに感染したコンピューターウイルスを検知し、可能であればそれを除去するソフトウェア。ウイルス対策ソフト、ワクチンソフト、ウイルス駆除ソフトともいう。

一領具足　……戦国時代の土佐の大名、長宗我部氏が農民等を対象に編成した半農半兵の人々あるいはその制度。通常は農民として暮らしているが、何かあればすぐ駆けつけられるように、農作業をしている時でも常に武具を傍らに置いていたため一領具足と呼称されたという。具足とは武具一式のこと。

ウィニー　……Winny。ファイル共有ソフトのひとつで2002年頃、日本で開発された。中央サーバーを必要としない独自の仕組みを持っている。匿名性が高く違法なファイル交換を行うのに好都合であったため多くの問題を引き起こした。

ウイルス　……Virus。コンピューターウイルス。自分自身のコピーを他のプログラムに組み込み（感染）、そのプログラムが起動するとまた自分のコピーが他のプログラムに感染することで増殖していくプログラム。

営業秘密　……公知になっておらず、権利者に経済的利益をもたらすことができ、実用性を備え、かつ、権利者が秘密保持の措置を講じている技術情報及び経営情報をいう。営業秘密の構成要件については、「不正競争民事紛争案件審理の法律適用の若干問題 に関する解釈」において、より明確に規定されている。

遠隔操作ウイルス事件　他人のパソコンを遠隔操作し、これを利用して航空機爆破や無差別殺人などの犯罪予告を行った日本のサイバー犯罪事件。利用された無実の人たちが誤認逮捕されたことは有名である。

オリンピック・ゲーム　2010年、イランのウラン濃縮工場の遠心分離機がサイバー攻撃されたが、これはアメリカ及びイスラエルの共同作戦によるものであり、その作戦名がオリンピック・ゲームであるとの報道がなされた。

拡大抑止　……外国と同盟し、その国の持つ抑止力を利用して自国に対する抑止とすること。

可用性　……情報資産を必要なときに使用できること。

完全性　……情報資産が正当な権利を持たない人により変更されていないことを確実にしておくこと。

機械学習　……人間が自然と行っているパターン認識や経験則を導き出したりするような活動をコンピューターを使って実現するための技術や理論。またはソフトウェアの総称。

機密性　……情報資産を正当な権利を持った人だけが使用できる状態にしておくこと。

キャプテンクランチ　1970年代のアメリカの伝説的ハッカー。お菓子におまけで付いてくる笛を吹くと電話料金をごまかせることを発見した。その後、ハッカーの間で電話の「ただがけ」が流行ったという。

拒否的抑止　……敵の攻撃的行動を阻止あるいは無効化できる能力を持つことで、敵の目標達成可能性に関する計算に働きかけて攻撃を断念させるもの。

キルスイッチ　電子部品になんらかの特別な信号が入ると部品が壊れてしまうような特別な仕掛け。

クラウド　……インターネットのこと。インターネットを図示する場合、雲のような図形を描いたことによる。この用語は一般的にはクラウドコンピューティングの略称として使われる。この場合は、個別に所有し利用していたサーバーやソフトウェアあるいはシステムをインターネット経由で外部のサービスとして利用する方法をいう。

グレートファイヤーウォール　中華人民共和国政府によるインターネット上の検閲およびそれによる情報統制プロジェクトである金盾システムの機能のひとつ。中国内のウェブやＳＮＳ等をグローバルインターネットから遮断するなどして、政府によって都合の悪い情報が流入することを防止する仕組み。

ゲートウェイ　プロトコル（通信手順）の異なる二者間やネットワーク間の通信を中継するための機能を持ったハードウェアやソフトウェア、システム。最上位層のプロトコルの違いに対応できる。

交戦者資格　ハーグ陸戦条約附属書「陸戦の法規慣例に関する規則」第１条では正規軍に属する軍人に加え、「遠方より認識可能な固有の特殊徽章を有すること」「公然と兵器を携帯すること」「部下の責任を負う指揮官が存在すること」「戦争法規を遵守していること」の４条件を満たす民兵と義勇兵を交戦者の定義としている。

サイバーアクセラレーション　サイバー技術の発達により、国家間あるいは軍隊間のにらみ合いが、抑制されるのではなく、逆に加速されるという仮説。

サイバー指針　安全保障上の脅威となりつつあるサイバー攻撃に対処するため、防衛省が２０１２年に策定した自衛隊の任務や能力整備に関する指針。一般に「サイバー指針」と呼ばれているが、正式な文書名は「防衛省・自衛隊によるサイバー空間の安定的・効果的な利用に向けて」。

サイバーセキュリティ基本法　２０１４年11月６日に可決・成立したサイバーセキュリティに関する日本の法律。第１条で「我が国のサイバーセキュリティに関する施策に関し、基本理念を定め、国及び地方公共団体の責務等をあきらかにし、ならびにサイバーセキュリティ戦略の策定その他サイバーセキュリティに関する施策の基本となる事項を定める」としている。サイバーセキュリティ戦略本部や内閣サイバーセキュリティセンターなど、施策推進のための国の機構についても規定している。

サイバーレジスタンス　サイバー技術を利用して、レジスタンス（侵略者に対する抵抗運動）活動を行うこと、あるいは者。

サイバー空間のための国際戦略　ホワイトハウスが２０１１年５月に発表した報告書の邦題。幅広いサイバーに関係する問題に対して、米国は国際的なパートナーと協働して取り組むというアプローチを提示している。

サイバー地政学　地政学という学問分野をサイバーという観点から拡張して考える学問領域。

サイバー電磁活動　Cyber Electromagnetic Activities。２０１４年2月に一般公開された米陸軍の野外教範「ＦＭ３－38」のタイトル。この本では、サイバー作戦、電子戦、スペクトラム管理作戦という3つの領域が重なるところを扱っている。サイバー電磁活動は、サイバースペースと電磁スペクトラムの両方において敵対者および敵国を上回る優位な立場を獲得・保持・活用するために使われる活動。

サイバー封鎖　ある国家・組織などのインターネット利用環境を世界のインターネットから切り離してしまうこと。

サイバー民兵　正規の軍人ではない民間人をサイバー戦用の軍事要員として編成した組織のこと。

サプライチェーンリスク　情報システム、ネットワークを構成する製品に対し、供給者や従業員が製品に意図的に不正プログラムを埋め込んだり、ハードウェアを不正改造することにより発生する情報漏えい、システム障害などのリスクのこと。

指揮統制システム　軍隊において部隊を指揮・統制するために用いられる情報処理システム。指揮官に情報を提供し、その意思決定を支援するとともに、これによって決定された命令を伝達して、部隊の行動を律するに用いるコンピューターシステム。

識別・認証　識別は情報システムを利用する者や情報システムの構成要素等の身元をあきらかにすること。認証は、その真正性の確認を確実にすること。

システム・オブ・システムズ　構成要素がシステムであるシステムのこと。

ジュネーブ条約　戦時における傷病者と捕虜に関する国際条約。1864年にジュネーブで結ばれた、戦地での傷病兵の救護と救護者の中立性保護のための条約に始まる。現在の条約は1949年に締結された、第一条約（戦地にある軍隊の傷病者の状態の改善）、第二条約（海上にある軍隊の傷病者、難船者の状態の改善）、第三条約（捕虜の待遇）、第四条約（戦時における文民の保護）の4条約と、1977年のふたつの議定書から成る。

情報戦争　……軍事力ではなく、情報を武器として行われる戦争。その目的は情報を操作することで相手にこちらの意図どおりの決心をさせることである。

情報保証　……情報システム及び情報システムにおいて取り扱われるデータの機密性、完全性、可用性、識別認証及び否認防止を維持すること。

シンギュラリティ　Singularity。技術的特異点。進歩を続ける人工知能が人間の能力を超えることで起こる出来事とされ、そこから先は人間には未来が予測できなくなる時点。

人工知能　……コンピューターを利用して実現された人工的な知能。

心理戦　……戦争において、心理的な方法を利用して戦いを有利に遂行しようとする戦法のこと。例えば、敵国兵士や敵国民の戦意を下げるために、虚偽の情報を流布する等の行為によって行われる。

スクリプト　script。コンピュータープログラムの種類のひとつで、スクリプト言語を用いてコンピューターへの複数の命令をまとめて自動処理できるように記述したもの。

スタクスネット　Stuxnet。２０１０年にイランのウラン濃縮工場の制御システムに感染しその制御を奪った高度かつ複雑なマルウェア。これによりイランの核開発計画は数年遅れたと言われている。「オリンピック・ゲーム」参照。

スノーデン事件　２０１３年に、アメリカ中央情報局（ＣＩＡ）の元職員であったエドワード・スノーデンが、アメリカはインターネットを利用して情報収集活動を行っていると暴露した事件。

スパイウェア　マルウェアの一種で、知らないうちにパソコンにインストールされ、パソコン内部の所有者の情報や、周りの音声、映像などを外部に送信する。

スパム……ランチョンミートのようなソーセージの缶詰の商品名。１９７０年代のイギリスのコメディ番組、モンティ・パイソンの中のエピソードのひとつに、食堂で食べたくもないのに次々とスパムが連呼されるというギャグがあり、転じて、欲しくないものがどんどん提供されることを意味するようになった。

スパムメール　SPAM mail。迷惑メール。受信者の意向を無視して無差別かつ大量に一括して送信される電子メールのこと。多くは広告メールである。

スリーパー　普段は一般市民を装いごく普通に生活しているスパイのこと。サイバー戦では、普段は隠れていて指令を待っている不正なソフトをいう。

擂鉢山……硫黄島で一番標高が高い山。硫黄島争奪戦において、米兵が星条旗を掲げた場所として広く知られている。

制高点……地域一帯を展望でき戦闘遂行上有利な高台、高地。

脆弱性……コンピューターのＯＳやソフトウェアにおいて、プログラムの不具合や設計上のミスが原因となって発生した情報セキュリティ上の欠陥。セキュリティホールともいう。

脆弱性データベース　脆弱性情報のデータベース。日本では、２００４年７月よりＪＰＣＥＲＴコーディネーションセンターと独立行政法人情報処理推進機構（ＩＰＡ）が「情報セキュリティ早期警戒パートナーシップ」制度に基づいて報告され調整した脆弱性情報や、ＣＥＲＴ／ＣＣなど海外の調整機関と連携した脆弱性情報をJapan Vulnerability Notes（ＪＶＮ）として公表しており、これらをデータベースとして蓄積したＪＶＮｉＰｅｄｉａが相当する。

ゼロデイ攻撃　zero-day attack, 0 day attrack。あるソフトウェアの脆弱性が発見された際、その情報が広く告知され対策される前に行われる攻撃。

ゼロデイ脆弱性　ゼロデイ攻撃を受ける可能性があるシステム上の欠陥や問題点のこと。

戦争法規　……戦争に関する法律。主に国際条約と慣習からなっている。戦時における害敵行為の制限や非戦闘員の保護、中立国の権利・義務規定などを含んでいる。この言葉は戦時国際法と同義に使われることもある。

善玉ハッカー　文字通りこちら側にとって善い「味方の」ハッカーのこと。ホワイトハッカー、ホワイトハットハッカーともいう。ハッカーという言葉は一般にコンピューター犯罪者の代名詞として使われることが多いが、この場合は特に正義の側に立った高度の技術を持った人たちを指す。

ソーシャル・ネットワーキング・サービス　Social Networking Service。ＳＮＳ。インターネット上の交流を通して社会的ネットワーク（ソーシャル・ネットワーク）を構築するサービスのこと。

タップ　……ネットワーク上に設置し、ネットワーク信号を取り出す装置。転じてタップを設置してネットワーク信号を取り出す行為。

ダメージコントロール　Damage Control。攻撃を受けた際に、その被害（ダメージ）を最小限に留めるための措置。「ダメコン」ともいう。

タリン・マニュアル　Tallinn Manual。サイバー戦争と国際法の関係性を研究、議論し、記載した文書。その基本的な意見はサイバー空間を既存の国際法の適用範囲にすることができるとするものである。

地政学　……地理的な環境や位置関係が国家間の政治・外交などに与える影響を考察する学問領域。

チップ　……小さな基盤に集積回路を埋め込んだ電子部品のこと。

知的財産　……人の精神的な創造行動から生まれた創作物や、営業上の信用を表した標識などの経済的な価値を有したものの総称。これを守る法制度上の権利としては著作権、特許権、意匠権、商標権などがある。また、広義ではインターネットのドメイン名、肖像権、著名標識、営業秘密なども含まれる。

中国人民解放軍総参謀部第三部　中国における軍事組織のひとつ。人民解放軍の全軍事力を指揮統制する総参謀部の一部門で、戦略級の通信傍受及びサイバー空間を利用した情報収集活動部門だとされている。2016年の人民解放軍大規模改編に伴い現在の状況は不明である。

懲罰的抑止　耐えがたい反撃を加えるとの威嚇に基づき、敵のコスト計算に働きかけて攻撃を断念させるもの。

通信の秘密　通信の秘密は個人間の通信の秘匿を保障するものである。日本国憲法および電気通信事業法などによって、通信の有無、通信の内容、通信した時間、通信したユーザーに関する情報など、国民の通信に関する秘密は保護されている。

デグレーション運用　サイバー攻撃を受けてもただちに全面的な機能停止にならず、若干の性能低下はあってもシステムの運用を続けられるようにすること。

電子戦　……敵の通信電波を傍受、妨害するなど、電磁波に関わる軍事活動。

トラフィック　ネットワークを流れる情報やデータのこと。

トレースバック　不正ＩＰパケットの発信源を特定しようとする技術の総称。

トロイの木馬　Trojan horse。マルウェアの種類のひとつ。ターゲットに良いものだと誤認させてターゲット自らシステム内部に引き入れさせることで感染する。ギリシア神話のトロイ戦争の物語に語られるトロイの木馬の故事にちなんで名前がつけられた。

ニューラルネットワーク　神経回路網。もともと生物学用語だが、コンピューターの世界では、人間の脳の神経回路網の仕組みを模擬して、それをコンピューター内に実現しようとしたもの。コンピューターに学習能力を持たせようという取り組みのひとつでもある。

ハーグ陸戦条約　戦時国際法のひとつで、１８９９年のハーグ平和会議で制定された多国間条約。戦争や戦闘のやり方について規定された条約。

バイアス　……偏見や先入観のこと。もともとはフランス語で「斜め」という意味だったが、転じて思い込みや思想などから考え方等が偏っていることを言うようになった。

バグ　……bug。コンピュータープログラムに含まれる誤りや不具合のこと。

ハクティビスト　社会的・政治的な主張を目的としたハッキング活動（ハクティビズム）を行う者のこと。ハッカーとアクティビストを合成した造語である。

パケット　……直訳すると小包。データ本体に送信先の所在データなど制御情報を付加した小さな電子的かたまり。通信網を流れるデータを小さく分解しパケットとして通信路に送り出すことで、１本の回線を複数の利用者が同時に使えるようになり通信路の有効活用ができるようになった。

パケット増幅率　ＤｏＳ攻撃を行う場合、目標にぶつけるパケットは多いほど効果的である。そこでインターネットの仕組みを悪用して投げたパケットがより多くなるようにする攻撃要領がある。その際の増幅の度合いのこと。

パターンファイル　あるコンピューターウイルスに特有あるいは固有なプログラムのパターンを登録したファイル。ウイルス対策ソフトがウイルスを検出するために使用する。ウイルス定義ファイルともいう。

ハッキング　Hacking。他人のシステムに不正に侵入してそれを操作し、情報を入手したりすること。もともとは、高度な技術を持った者がコンピューターやネットワーク等の動作を解析したりプログラムを改造したりすることであったが、最近はもっと幅広い意味で使われている。

バックアップ　システム異常や装置の故障などによるデータの破損に備えてデータを複製し別の記憶装置や媒体に保存すること。

バックドア　ソフトウェアやシステムの一部に存在する裏口のことで、正規の手続きを踏まないで内部に入るための仕掛けである。悪意を持って仕込まれる場合もあるが、開発者がメンテナンスをするために（悪意なく）意図的にソフトウェアに作り込んでおく場合もある。後者の場合は、開発終了時には通常は削除されるはずだが、ミスで残っている場合もあり、これが結果的に悪意あるものに見つけられるとバックドアとなる場合がある。

ハッシュ　……コンピューター上の文字列に一方向性の暗号をかけて、その結果を保存しておくことで、後で先の文字列が改竄されていないことを担保するための仕組み。

パッチ　……ソフトウェアの欠陥修正や機能追加などを目的に、ソフトウェアの書き換えを行うプログラム。

バッファーオーバーフロー攻撃　メモリを溢れさせるような大きなデータを入力することで、プログラムを停止させたり、任意のプログラムを実行させたりする攻撃手法のこと。

ハニーポット　直訳すると「蜂蜜入りの壺」のことで、某クマのキャラクターの好物から由来する。攻撃者にとって魅力的なデータなどがあるように見せかけた囮のサーバーのこと。これを利用することで、本来守るべきデータから攻撃者の目を反らすとともに、侵入者の行動を観察することで不正アクセスの手法を調べたり、マルウェアを入手したりすることができる。

ハング　……システムエラーが発生し、コンピューターが動かなくなること。フリーズともいう。

ビーコン　……（1）無線ＬＡＮの仕組みのひとつ。アクセスポイントからは特別な信号が送出されており、無線ＬＡＮアダプタを備えたコンピューター機器がその信号を受信することで利用可能な無線ＬＡＮネットワークを検出する手がかりとしている。この際に使用される信号をビーコンという。（2）ウェブページやＨＴＭＬ形式の電子メールに埋め込まれた非常に小さなサイズの画像データ。ユーザーがウェブページやメールにアクセスしたという情報を、サーバーに伝えるために用いられる。ウェブビーコン（web beacon）とも呼ばれる。受信者にこの仕掛けがあることを悟られないようにクリアＧＩＦと呼ばれる縦横共に1ピクセルの透明色ＧＩＦファイルが使われることもある。

ビッグデータ　従来のデータベース管理システムなどでは記録や保管、解析が難しいような巨大なデータ群。情報技術の進展により、このようなデータも利用可能となり、さらには異変の察知や近未来の予測等もできるようになることから、利用者個々のニーズに即したサービスの提供、業務運営の効率化や新産業の創出等が期待されている。

否認防止　……情報システムを利用して電子計算機情報の送受信を行った者が、当該送受信を行ったことを否定できないことを確実にすること。

標的型攻撃　特定の狙い澄ました相手を対象としたサイバー攻撃のこと。反対の手法は不特定の相手に対して行われる「ばら撒き型攻撃」。標的型攻撃では標的とする組織の構成員・個人宛てにマルウェア等が送り付けられて限られた特定の相手にしか使われないために、ばら撒き型と違い、そのマルウェアがアンチウイルスソフトメーカーなどの手に入り対策を打たれる可能性が低くなる。

ファームウェア　コンピューターやルーターなどの電子機器に最初から組み込まれているソフトウェアで、装置の基本的な制御等を行うもの。ある機能をハードで実装すると、その機能を後で変えることは困難だが、その機能をソフトで持たせておくことで、変更／修正が可能となる。ソフトウェアではあるが役割がハードウェア寄りなので、ファーム（firm、弾力的で硬い）ウェアという名称が使われている。

ファイヤーウォール　Firewall。セキュリティ対策機能のひとつで、ＩＰアドレスやポート番号、場合によってはより詳細に通信を監視して制御する。外部から内部への意図しない通信を制御するだけでなく、内部から外部へ不正な通信を制御するためにも利用可能である。ファイアウォール、Ｆ／Ｗともいう。

フォレンジック　Forensic。コンピューターやネットワークシステムのログや記録、状態を詳細に調査し、過去に起こったことを立証する証拠を集めること。デジタルフォレンジック、コンピューターフォレンジック、ディジタルフォレンジクスともいう。

フォン・ノイマンの呪縛　コンピューター開発初期にコストの高かったメモリを有効利用するために、ノイマンはメモリ内部でプログラムもデータも同等に扱えるように工夫した。そのため、メモリが安くなった現在でもこの構造が使われており、このことが脆弱性になっている現在でも、この構造を変えることができなくなっていること。

不正アクセス　アクセス制御機能を有する電子計算機に対し、制限されている機能等の利用をできるようにしてしまうこと。

不正アクセス禁止法　正式名称は「不正アクセス行為の禁止等に関する法律」。不正アクセス行為を禁止するとともに、これについての罰則及びその再発防止のため不正アクセス行為を受けたアクセス管理者に対する都道府県公安委員会による援助措置等を定めることにより、電気通信回線を通じて行われる電子計算機に係る犯罪の防止及びアクセス制御機能により実現される電気通信に関する秩序の維持を図り、もって高度情報通信社会の健全な発展に寄与することを目的としている。

不正競争防止法　事業者間において正当な営業活動を遵守させることにより、適正な競争を確保するための法律。公正な競争を阻害する一定の行為を禁止することによって、適正な競争を確保し、公正な市場を確保しようとするもの。

不正指令電磁的記録に関する罪　コンピューターに不正な指令を与える電磁的記録の作成する行為等を内容とする犯罪（刑法168条の2及び168条の3）。2011年の刑法改正で新設された犯罪類型。

フルスキャン　ウイルスなどに感染していないか、ウイルス対策ソフトによってシステム全体をチェックすること。完全スキャンともいう。

プロトコル　コンピューター同士が通信をする際の手順や規約などの約束事。

米軍野外教範FM3-38　「サイバー電磁活動」を見よ。

ポイズニング　コンピューターの誤作動や攻撃用サイトへの誘導などを行うために、コンピューター上に偽の情報を書き込んだりすること。

ボットネット　持ち主の知らない間に乗っ取られ、攻撃者に遠隔操作されるようになった大量のパソコンやスマホなどからなるネットワークのこと。

マイダン革命　2013年から2014年にかけてウクライナの首都キエフを中心に発生した大規模な反政府デモ。ウクライナ大統領ヴィクトル・ヤヌコーヴィチによる欧州連合協定調印棚上げに抗議する目的で行われた。「マイダン」とはウクライナ語で「広場」の意。

マルウェア　マリシャス（悪意ある）とソフトウェアを合わせた造語。一般に不正ソフトと訳されている。ウイルスやワームなど、コンピューターやネットワーク上で本来の持ち主の意図しない機能を発揮する不正なソフトウェアなどの総称。

水飲み場攻撃　攻撃対象のユーザーがよく利用するウェブサイトを不正に改竄することで、ウイルスに感染させようとする攻撃。

ミッションクリティカル　mission critical。そのままの意味は、任務や業務の遂行に必要不可欠な要素のこと。セキュリティの世界では、万一障害が発生して稼働が停止すると、その社会的影響が極めて大きい、交通機関や金融機関などの基幹業務、あるいはその業務遂行のために使用されるシステムのことを指す。24時間365日止まらないことが要求される。軍事用のシステムも作戦指揮に用いられるものは同様である。

無害通航権　国連の海洋法において規定されている船舶の権利のうち、無害航行を行う限りにおいては、船舶は他国の領海内を航行できるとする権利のこと。

メデューサ　そのページを閲覧しただけで、ウイルスに感染するような罠が仕掛けてあるホームページ、あるいはその攻撃手法のこと。

ユーチューブ　YouTube。グーグル社の所有する世界最大の動画共有サービス。利用者が手元の動画データを投稿すると、ウェブブラウザなどで再生できる形式に変換し、他の利用者が閲覧できるようにウェブサイト上で公開される。

ユス・アド・ベルム　jus ad bellum。開戦法規。法的規制武力行使に訴える権利および手続を規制する国際法。

ユス・イン・ベロ　jus in bello。交戦法規、武力紛争法規、戦争法、戦時法ともいう。戦争状態においてもあらゆる軍事組織が遵守するべき義務を明文化した国際法であり、狭義には交戦法規を指す。

リロード　……データを記憶媒体に格納し直すこと。

ルーター　……Router。複数のネットワーク間を相互接続するために用いる通信機器。主な機能は接続、受信パケットの経路選択と転送、選別、経路情報の管理である。

ルーティング　ルーターの最も重要な機能で、受信パケットの宛先情報から最適の経路選択を行うこと。

ルーティングテーブル　ルーターが経路選択を行うにあたり参照する経路情報を記述したデータベースのこと。ルーターの中に格納されている。

鹵獲　……ろかく。軍事用語で敵から器材などを奪い取ること。

ロジック　……論理のこと。電子回路で扱うデジタル信号の入力と出力の関係が一定の理論に従って行われること。

論理爆弾　……通常は正規のソフトウェアとして決められたとおりの業務を行っ

ていたり、何もしないで単に隠れていたりするが、特定時間になったり特定の信号の入力があったりすると、機能停止や誤動作、あらかじめセットされていた間違いデータの送出など、システムの正常な運転を妨害するための機能を持ったマルウェアのこと。

ワーム……マルウェアの一種。自分自身を複製して他のシステムやネットワークに感染を広げていくことができる。ウイルスが既存の正規のプログラムに寄生して感染や拡散を行うのに対して、ワームは寄生するプログラムを必要とせず、それ自体が独立したプログラムとして動作する。

謝辞

この本を書くにあたり、誤字・脱字から文章表現へのチェック、内容へのコメントや具体的な助言等を惜しみなく下さった「安全保障危機管理学会　サイバー防衛研究部会」の皆様に、心からお礼を申し述べます。

本来、お一人お一人のお名前を挙げて個々具体的に感謝すべきところですが、浅学非才な私にはそれぞれの貢献に対する公平な評価ができないのでお許しください。

皆様のご支援がなければこの本を出すことはできませんでした。改めて御礼申し上げます。

伊東 寛（いとう・ひろし）

1955年京都府生まれ。慶応義塾大学大学院（修士課程）修了後、陸上自衛隊入隊。技術及び情報系の指揮官・幕僚などを歴任。陸自システム防護隊初代隊長。退官後、シマンテック総合研究所主席アナリスト、株式会社ラック常務理事およびナショナルセキュリティ研究所所長など歴任。工学博士。著書に『「第5の戦場」サイバー戦の脅威』『サイバーインテリジェンス』等がある。

サイバー戦争論

ナショナルセキュリティの現在

●

2016年8月17日　第1刷
2017年2月20日　第2刷

著者…………伊東 寛

装幀…………藤田美咲

発行者…………成瀬雅人
発行所…………株式会社原書房

〒160-0022 東京都新宿区新宿 1-25-13
電話・代表 03（3354）0685
http://www.harashobo.co.jp
振替・00150-6-151594

印刷…………新灯印刷株式会社
製本…………東京美術紙工協業組合

ISBN978-4-562-05341-4, Printed in Japan